U0076469

一學就上手！
圖解電鑽技巧全書

高橋 甫／著
梅應琪／譯

目次

照片攝影協力
八王子現代家具工藝學校
製品照片提供
大阪自動電機（股）
日立工機（股）
（股）Brandex・Japan
BOSCH（股）
（股）牧田
利優比（股）

鎖
緊
螺

絲

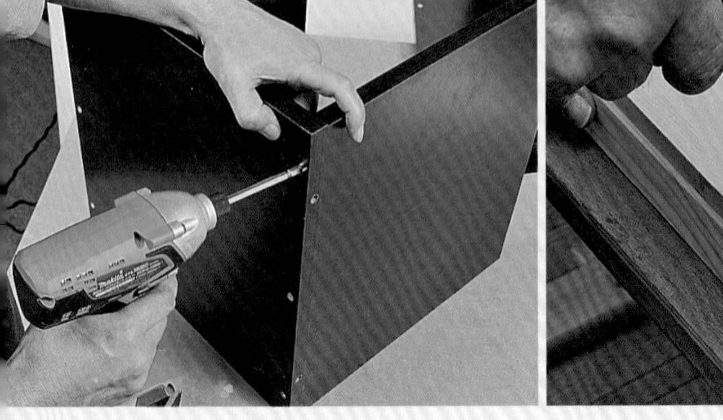

鑽出一個孔

INDEX 1

試著啟動電鑽

p50

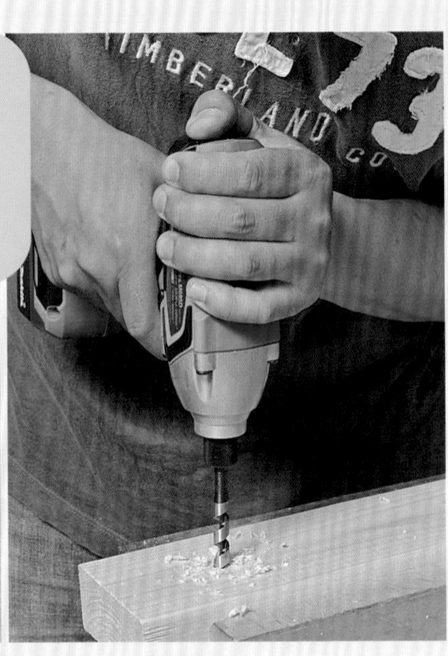

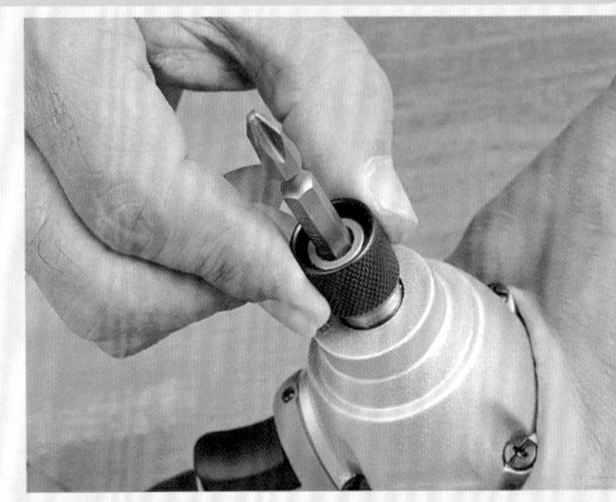

以順時針方向壓住把手，試著鑽孔

INDEX 2

試著在銅板上鑽孔

p62

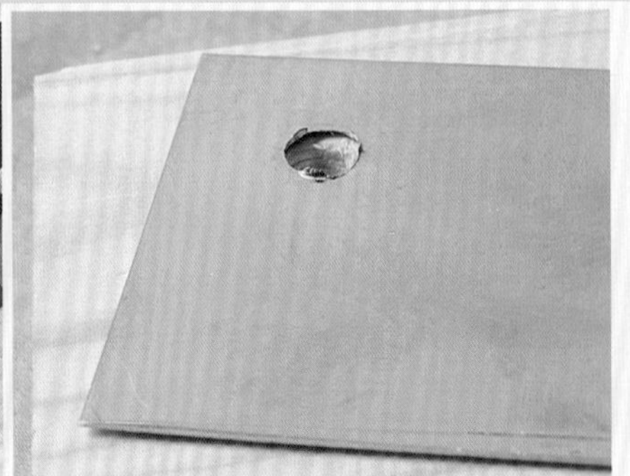

為了不讓鑽頭滑動，要慢慢旋轉電鑽來鑽孔

INDEX 3

用套筒扳手
固定螺栓 ………… p82

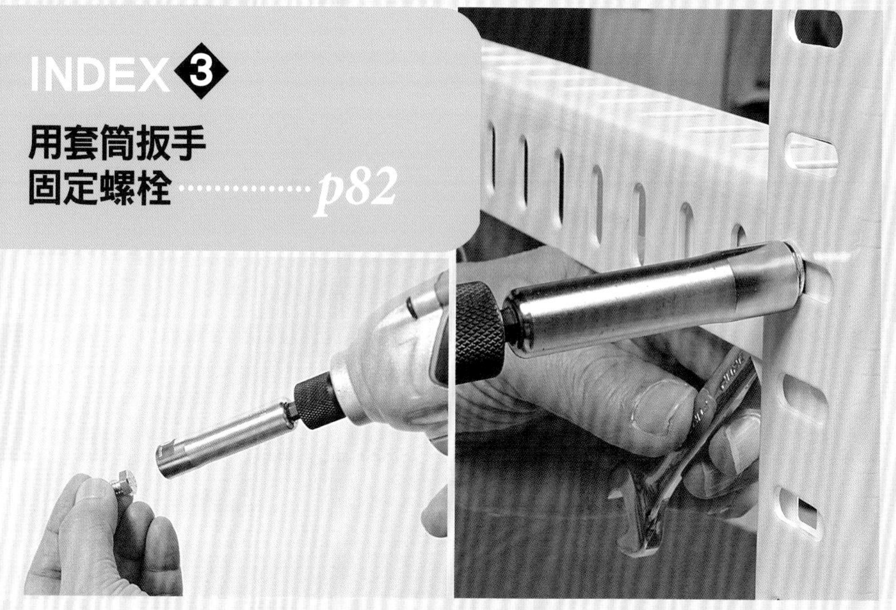

裝上套筒扳手，旋轉六角螺栓，固定螺帽

INDEX 4

用自由錐
鑽出大洞 ………… p105

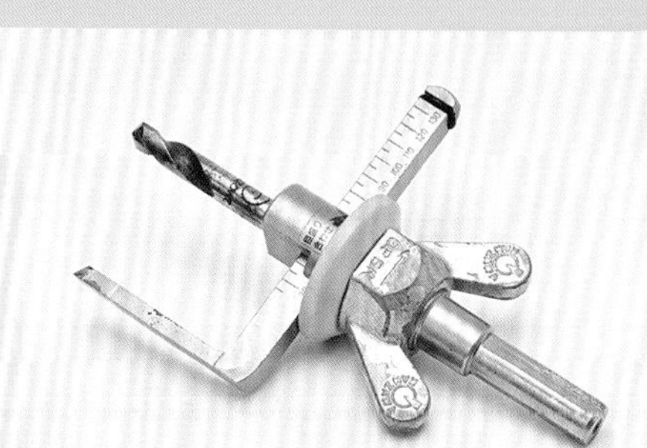

藉由旋轉自由錐（單刃），可以鑽出大洞

INDEX 5
用圓棒隱藏螺絲頭
……………… p106

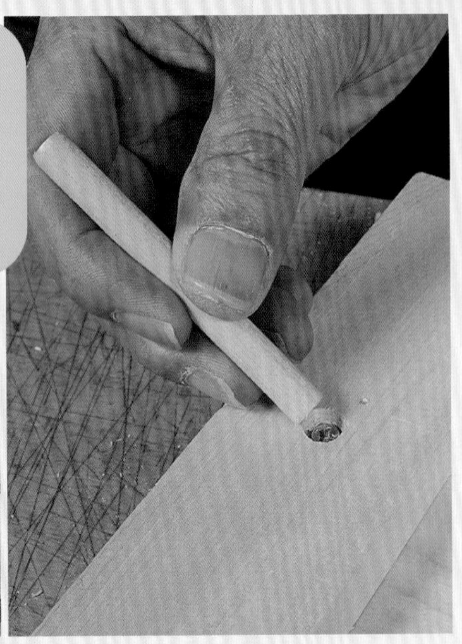

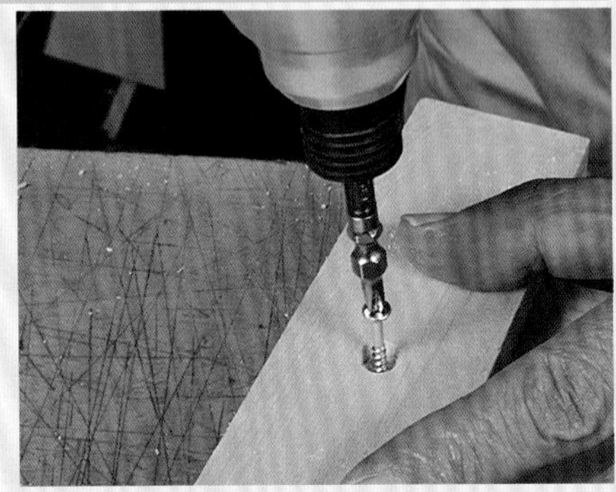

鑽出一個淺洞固定螺絲，塞進圓棒，遮住螺絲頭

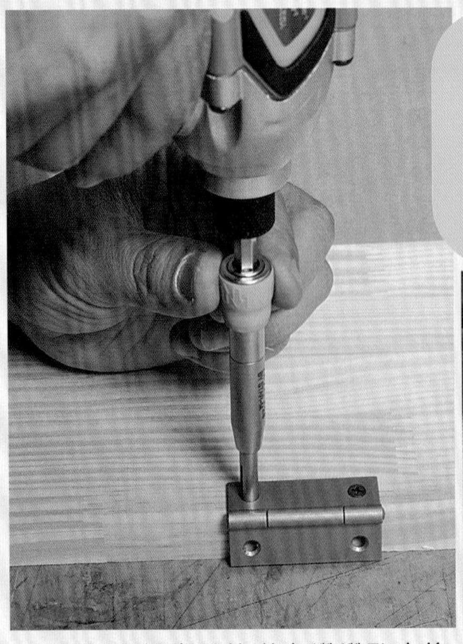

INDEX 6
安裝合葉
……………………………… p113

用合葉螺絲專用的導向鑽鑽孔之後，就可以將螺絲固定在螺絲孔正中央

INDEX 7

在水泥上鑽孔

p118

在水泥之類的硬物上鑽孔，要使用震鑽

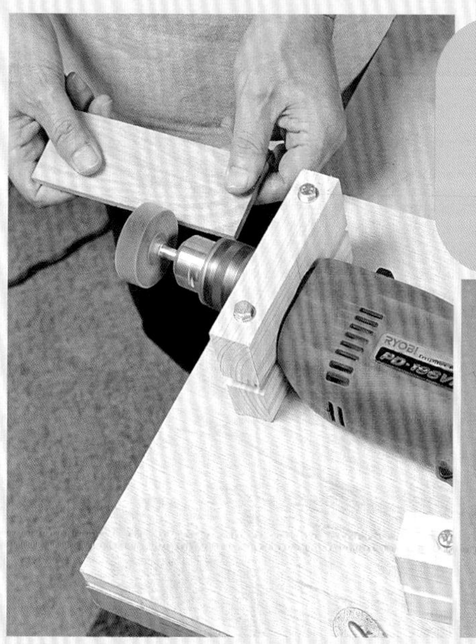

INDEX 8

橫置的電鑽架

p121

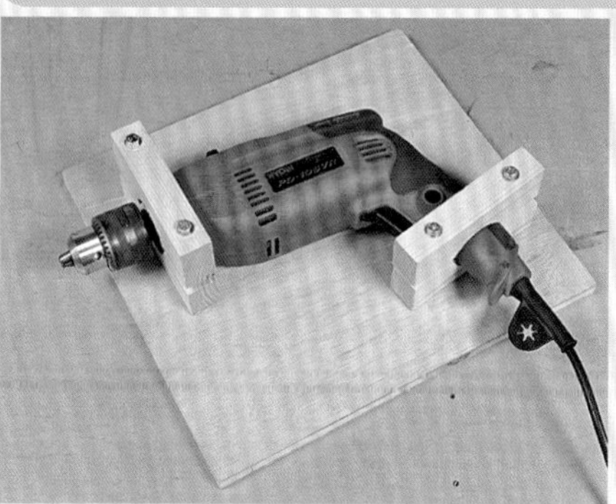

若有能將電鑽橫置固定的支架，就可以用雙手安全地進行研磨作業

～挑選材料與設計是作業的重點～

製作木工作品，不僅要配合使用目的挑選材料，而且電鑽使用的螺絲長度與粗度也左右了強度。若選用了錯誤的零件，辛苦的工作就會化為泡影，因此以充分的設計為基礎來製作就變得很重要了。

Part 1 電鑽的種類與用途

電鑽有哪些種類呢？

在家用五金量販店中，陳列了電鑽起子機、起子電鑽、衝擊起子、電鑽等等各種名稱的電鑽，展開了以DIY與手工藝輔助工具的角度來看充滿魅力的專區。

一般來說，這些稱為電鑽的便利工具，就算有相似的外形，但也各自擁有擅長的工作領域，像是主要用來鑽孔，或主要用來鎖螺絲，名稱也會有微妙的差異。

了解每種類型的特性，以「製作物品」或「用途」來自己挑選一把適合的電鑽吧。

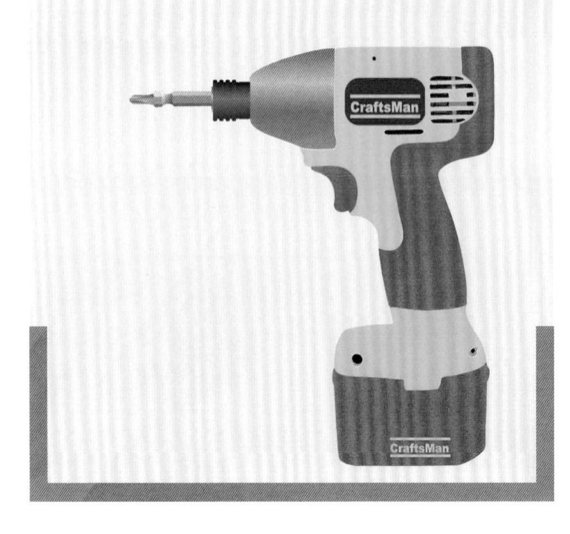

電鑽
有3種類型

在木工DIY或當做興趣的手工藝領域中，做為輔助工具的電鑽，大致上可分為電鑽起子機、衝擊起子和電鑽3種。

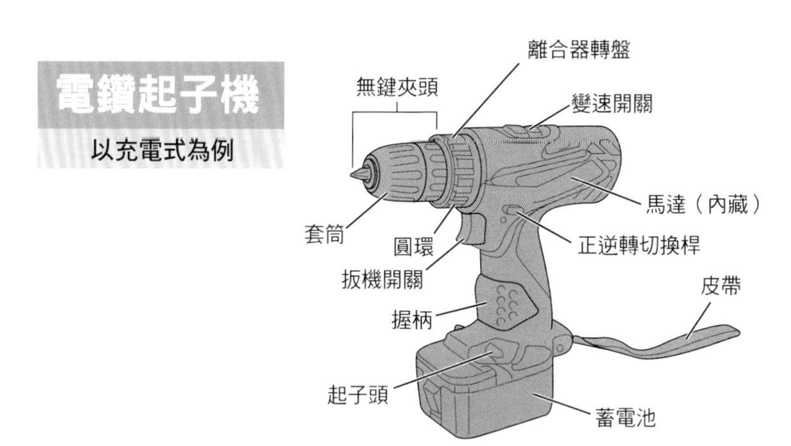

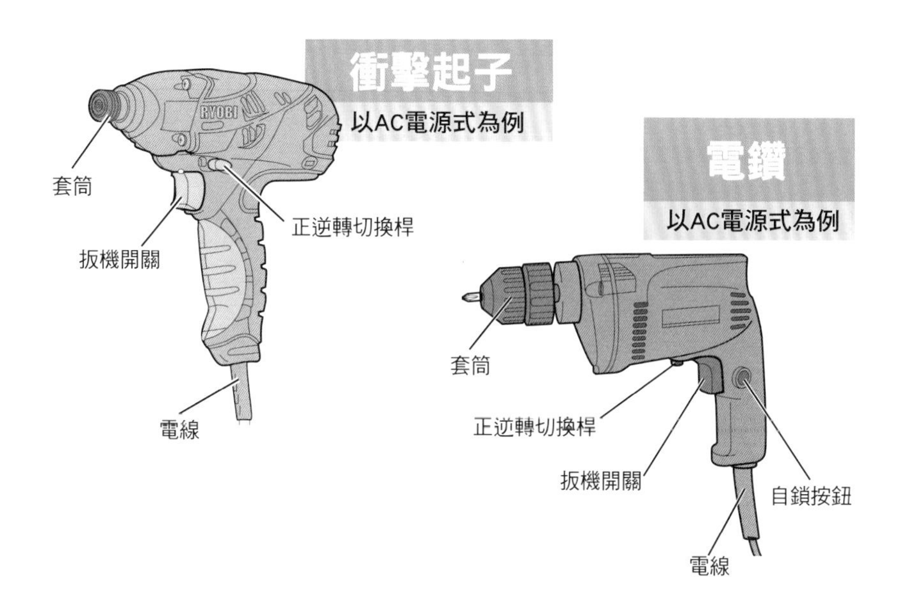

3種電鑽的特長

每種電鑽的機體前端，都能安裝起子頭或鑽頭使用，鎖螺絲就插入起子頭，鑽孔就插入鑽頭來進行作業。由於每一種都有各自擅長的領域，所以要了解適合的作業類型，發揮特性並有效率地使用。

作業範圍廣的電鑽起子機

「電鑽」、「電鑽起子機」在電動工具中活用頻率很高，從假日DIY到建築都會用到，是運用範圍很廣的工具。可分類為鑽孔用的「電鑽」，裝卸螺絲或螺栓用的「電動起子」，及兩方面都能進行的「電鑽起子」。因為性能與機能也很廣泛，商品數量眾多，所以配合用途挑選就很重要。

如果從大型家具到小東西都想做的話，最適合使用作業範圍廣的電鑽起子機；如果是要買第一把電鑽的人，我相當推薦電鑽起子機。

●電鑽起子機

規　格　（以日立工機　FDS12DVD為例）		
鎖螺絲能力（mm）	木螺絲	ϕ5.8×63
鑽孔能力（mm）	木工	ϕ25
	鐵工	ϕ12
轉速（圈／分）	低速	0～350
	高速	0～1,050
最大扭距（N·m）	低速	32
	高速	7
重量（裝上蓄電池時）		1.5kg

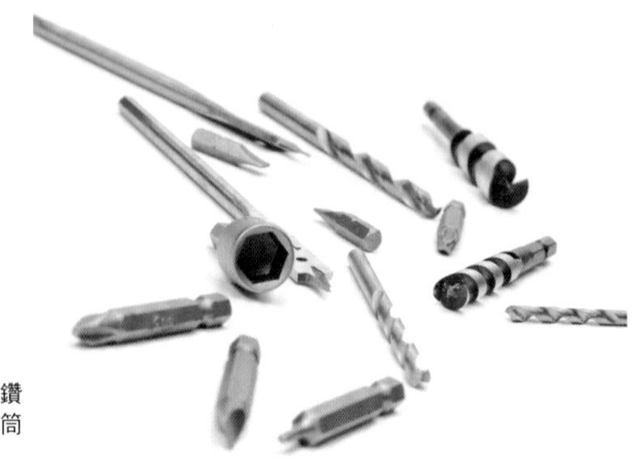

●各種前端工具：鑽頭、起子頭、套筒等等

擅長鎖螺絲的衝擊起子

衝擊起子常使用在裝卸粗牙螺絲之類的木螺絲上，它的特徵是雖然外型小，但旋轉力道大，可以用強勁的力道鎖緊螺絲。

在做花園或露臺等等大型物品時，衝擊起子就很方便。可是，因為衝擊起子無法涵蓋所有電鑽起子所能做的工作，因此挑選時必須要考量用途。

●充電式衝擊起子

規　格　（以牧田　TD090DWX為例）		
鎖螺絲能力（mm）	粗牙螺絲	22～90
鎖螺絲能力（mm）	普通螺栓	M5～M12
轉速（圈／分）		0～2,400
全負載打擊數（次／分）		0～3,000
最大扭距（N·m）		90
重量（裝上蓄電池時）		0.92kg

專門在各種材質上鑽孔的電鑽

電鑽是在前端裝上鑽頭旋轉以鑽孔的電動工具，可以更換鑽頭來鑽出不同直徑的孔，也可以在各種不同材料上鑽孔。轉速很高，特別適合金屬鑽孔作業，不適用於裝卸螺絲與螺栓。

●電鑽

規　格　（以日立工機　FD6SB為例）		
鑽孔能力（mm）	木工	13
	鐵工	6.5
轉速（圈／分）		2,700
夾頭直徑（mm）		0.5～6.5
電源（V）	單相交流	100
輸出功率（W）		240
重量		0.9kg

用途廣泛的
電鑽起子機

電鑽起子機只要換個頭，就能鑽孔或鎖螺絲，還可以裝上打磨用的頭來打磨或刨削，是用途很廣的電鑽。

這是擅長用起子頭裝卸螺絲的工具，運用在木螺絲或螺栓、螺帽等等的螺絲裝卸作業上。此外，用鑽頭就可以在木材或金屬板上鑽孔。而且，加上打磨用的頭，還可以用來打磨刨削，是泛用性高的電鑽。

如果使用細的起子頭，也適用於音響或家電等等的小型螺絲。另外，像筆型這種即使場所狹小也能輕鬆處理精密作業的小型款式也受到喜愛。

電鑽起子機分為使用AC電源（日本家用100V）與使用充電電池兩種。

●充電式電鑽起子機

規 格 （以牧田 DF030DWX為例）		
最大鑽孔能力（mm）	木工	21
	鐵工	10
鎖螺絲能力（mm）	木螺絲	φ5.1×63
	機械螺絲	M6
夾頭（mm）	六角對邊	6.35
轉速（圈／分）	高速	0～1,300
	低速	0～350
重量（裝上蓄電池時）		0.88kg

●3.6V 無線電鑽起子機

規 格 （以日立工機 FDB3DL2為例）		
鑽孔能力（mm）	鐵工	φ5
鎖螺絲能力（mm）	木螺絲	φ3.8×38
最大扭距(N·m)	高速	1.5
	低速	5
轉速(圈／分)	高速	600
	低速	200
蓄電池		鋰電池
重量（裝上蓄電池時）		0.45kg

●插電式電鑽起子機

規　格　（以Black & Decker KR151為例）		
最大能力	木工	10
	鐵工	5
最大緊固扭距		6.9（N・m）
轉速（圈／分）		0～650
夾頭最大直徑		6.35
開關類型		無段變速
電源（V）	單相交流	100
輸出功率（W）		90
重量		0.8kg

● 充電式電鑽起子機

規　格　（以BOSCH　PSR18LI為例）		
能力（直徑：mm）	木工	30
	鐵工	10
	鎖螺絲	10
轉速（圈／分）		0～850
扭距調整範圍	10段	0.7～4.0N・m
最大扭距（電鑽）		28N・m
夾頭範圍（直徑：mm）		1.5～10
蓄電池		鋰電池
重量（含蓄電池）		1.2kg

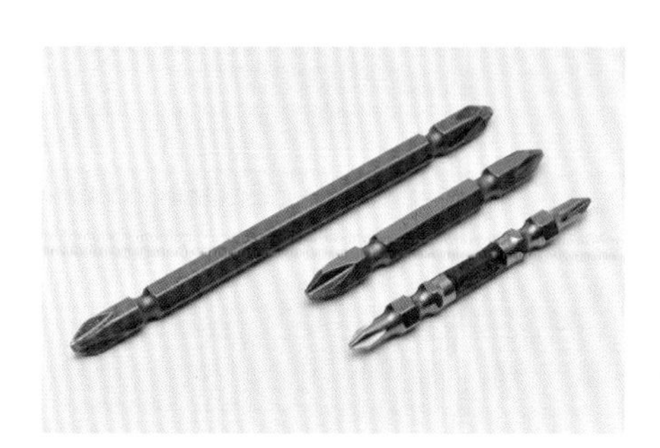

起子頭

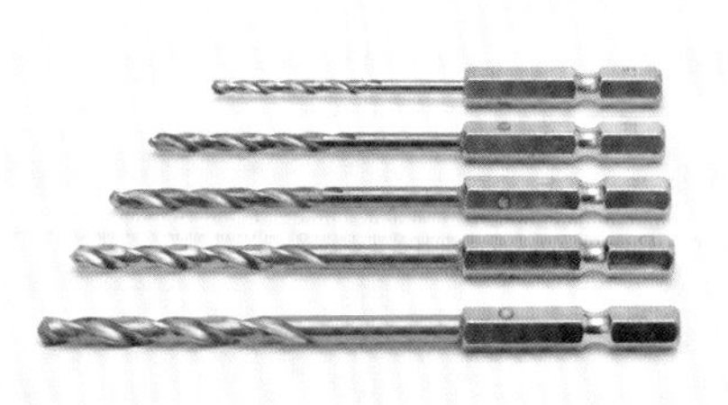

鑽頭

擅長鎖螺絲的衝擊起子

適合製作木板露臺等等大量使用長粗牙螺絲的作業，或是要將螺絲鎖上堅硬的闊葉樹木材的作業，以及鎖螺栓和螺帽的作業。

不管是外觀或用法都幾乎和電鑽起子機一樣，不過衝擊起子有會在旋轉方向加上衝擊（impact）的構造，是擅長用強勁力道鎖緊螺絲的工具。

和相同等級的電鑽起子機相比，它的特徵是可用約10倍大的扭力（鎖緊的力道）進行作業，它沒有像電鑽起子機一樣的離合器結構，必須要注意別把螺絲鎖得太緊。

也有可以調整衝擊力強弱的機型，調整段數多的產品會很方便。以N・m（牛頓・公尺）為單位表示的扭力，數字愈大愈強，可以處理粗螺絲或螺栓。使用手冊上會註明適用直徑幾mm的木螺絲與幾mm的螺栓。

●充電式衝擊起子

規　格　（以BOSCH　PDR18LI為例）		
緊固能力（mm）	木螺絲：最大	125
	普通螺栓	M5-M12
	高強度螺栓	M5-M10
最大緊固扭距（N・m）		130
轉速（圈／分）		0～2,600
衝擊次數（次／分）		0～3,200
蓄電池		鋰電池
重量（含蓄電池）		1.25kg

●充電式衝擊起子

規　格　（以牧田　M695DWX為例）		
緊固能力（mm）	高強度螺栓	M5～M12
	粗牙螺絲	22～125
最大緊固扭距（N・m）		130
轉速（圈／分）		0～2,400
衝擊次數（次／分）		0～3,000
蓄電池		鋰電池
電壓（V）		直流14.4
重量（含蓄電池）		1.3kg

電源有用電池的類型與AC 100V的類型，特徵與使用方法和電鑽起子機一樣，選擇時以主要多用在哪種用途為準。

衝擊起子運作時的聲音很大，必須注意不要吵到鄰居。

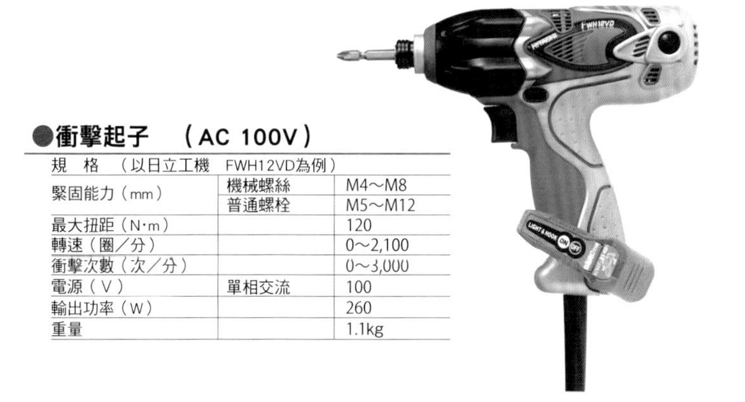

●衝擊起子　（AC 100V）

規　格　（以日立工機　FWH12VD為例）		
緊固能力（mm）	機械螺絲	M4～M8
	普通螺栓	M5～M12
最大扭距（N·m）		120
轉速（圈／分）		0～2,100
衝擊次數（次／分）		0～3,000
電源（V）	單相交流	100
輸出功率（W）		260
重量		1.1kg

●10.8V 無線衝擊起子

規　格　（以日立工機　FWH10DFL為例）		
緊固能力（mm）	機械螺絲	M4～M8
	普通螺栓	M5～M12
最大扭距（N·m）		95
轉速（圈／分）		0～2.500
衝擊次數（次／分）		0～3.000
蓄電池		鋰電池
電壓（V）		10.8
重量（含蓄電池）		1.0kg

●衝擊起子

規　格　（以利優比　CID-1100為例）		
緊固能力（mm）	機械螺絲	M4～M8
	普通螺栓	M5～M12
最大扭距（N·m）		110
轉速（圈／分）		0～2,400
衝擊次數（次／分）		0～3,200
電源（V）	單相交流	100
輸出功率（W）		180
重量		1.0kg

鑽孔專用的電鑽

這是在前端裝上鑽頭旋轉，專門用來鑽孔的電動工具。可更換鑽頭以鑽出不同直徑的孔，或是用於在木材或金屬等各種材料上鑽孔的作業。轉速高，特別適合在金屬上鑽孔，可以鑽得又快又漂亮。

鑽頭的固定方式，有用「鑽夾頭」，和只用手轉緊的「無鍵夾頭」。鑽夾頭由於使用的是專用的夾頭鍵，不容易因鑽頭夾不緊而產生空轉，電鑽多採用這一種。

選擇的時候，由於產品會標示最大鑽孔能力，所以要配合用途來確認。也有附加可變更轉速的「變速機能」，不只有AC 100V型，還有可充電的充電式，因此可以配合用途來選擇。

雖然不適合用來裝卸螺絲或螺栓，不過若要在水泥上鑽孔，震鑽是很方便的工具。

●電鑽

規　格　（以利優比　D-1100VR為例）		
最大鑽孔能力	木工	25
	鐵工	10
轉速（圈／分）		0～2,800
夾頭範圍（mm）		1.0～10
電源（V）	單相交流	100
輸出功率（W）		500
重量		1.4kg

●電鑽

規　格　（以牧田　M609為例）		
最大鑽孔能力	木工	25
	鐵工	10
轉速（圈／分）		0～2,500
鑽夾頭能力（mm）		0.8～10
電源（V）	單相交流	100
輸出功率（W）		350
重量		1.4kg

用電鑽在金屬板上鑽孔

頭（前端工具）是消耗品？

電動起子機用的起子頭，也有只要用一下子，前端就會馬上受傷，或是磨損變形的類型。

起子頭有分硬度，要在輕負荷的情況使用硬頭，在高負重或高負荷的情況就要用柔軟的頭。這是因為在堅硬的材料上使用螺絲會產生很大的負荷，為了在不損害螺絲頭部溝槽下進行，以及不在高負重下折斷飛散所做的考量。

可以把起子頭想成是消耗品，在家用五金量販店裡，賣的幾乎都是高硬度的頭，會看到有完全相同的起子頭數支一組在賣。

因為輕忽螺絲頭的溝槽而導致溝槽損毀的狀況時常發生，雖然頭的硬度會有影響，但將起子壓在螺絲上的力量也有很大的關係。一直用力強壓著旋轉的做法並不一定好，尋找適當的強度鎖螺絲較佳。

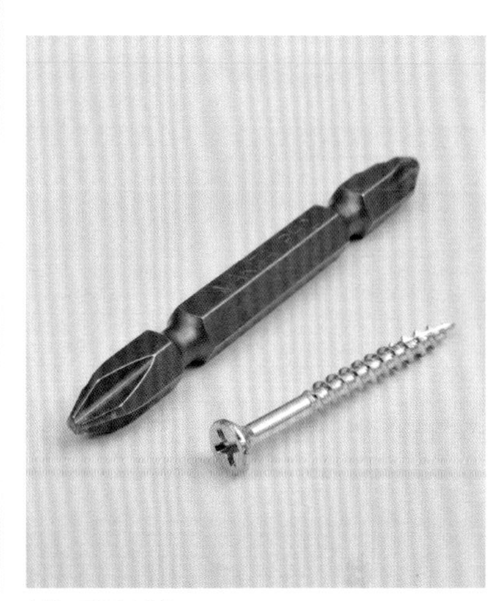

轉粗牙螺絲的起子頭

強壓起子的力量會磨損螺絲溝槽

輕便又好用！小型起子

輕便的電動起子，有即使「小手」也能輕易握住，以及在狹小的場所也可輕鬆使用等等優點，對手工藝製作者來說也非常有魅力。

即使是女性也能輕鬆使用手掌大小的尺寸

按下扳機旋轉前端的頭，這種結構和電鑽起子機一樣，適合不怎麼需要出力的作業，例如組裝家具或組合櫃、固定在牆上掛畫的螺絲等等。

在做木工，鎖細的木螺絲時，偶爾會因為鑽子的力量太強，鑽出太大的洞，使得螺絲鎖得太鬆而失敗，這種輕便型的電鑽起子由於轉速慢，鎖緊的時候就不會錯過停止的時機。

此外，就算是愛好正統的DIY，這種也可以在電動起子無法進入的狹小場所中使用，因此當做第2把電動起子以備不時之需會相當方便。

用來鎖窗簾盒的螺絲也很方便

● Black & Decker Super compact Driver CP310X

在狹小角落或組裝家具時也可大顯身手的小型電動起子

使用的電池種類
也是選擇的要素

小型電動起子幾乎都是充電式（無線）。小型電動起子也有用乾電池或乾電池大小的充電電池的類型，不過若想要某種程度的力道，就要留意內建附屬充電器的內建電池類型。

尤其若是採用鋰電池，因為可以接續充電，用起來很輕鬆，適合當做另一把電動起子放在手邊。

●無線螺絲起子

規　格　（以Black & Decker　CP310X為例）		
鎖螺絲能力（mm）	木螺絲	38
最大緊固扭距（N・m）		7.7
轉速（圈／分）		180
夾頭能力		6.35
額定電壓（V）	鋰電池	D.C 3.6
心軸鎖		有
重量		0.4kg

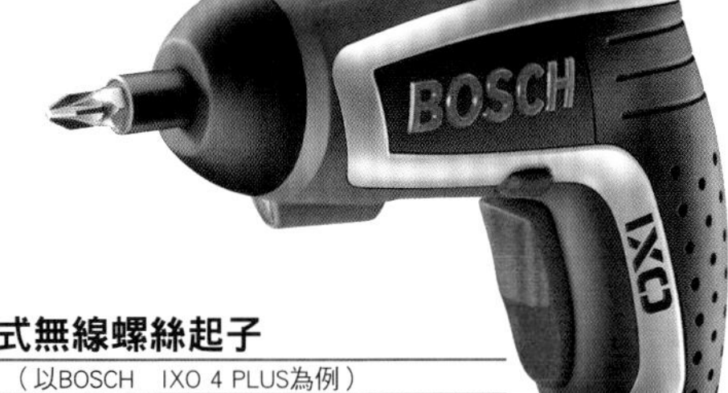

●充電式無線螺絲起子

規　格　（以BOSCH　IXO 4 PLUS為例）		
鎖螺絲能力（mm）	木螺絲	直徑5
最大緊固扭距（N・m）		4.5
轉速（圈／分）		215
使用頭（HEX） mm		6.35
額定電壓（V）	鋰電池	D.C 3.6
重量		300g

搭配附有鑽頭支架的充電器
IXO　4 PLUS

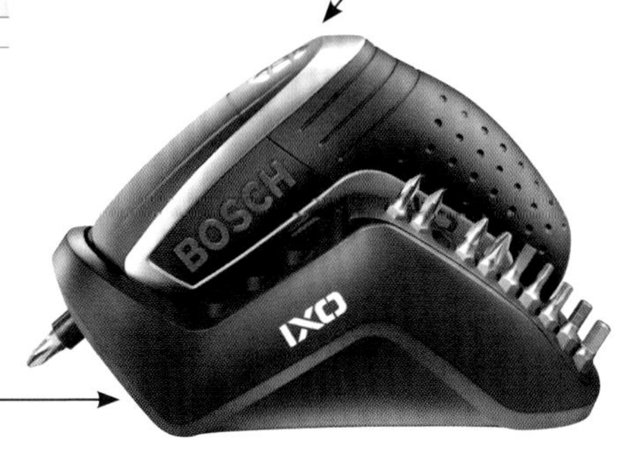

※ 附有鑽頭支架的充電器

衝擊起子是萬能的嗎？

衝擊起子在用法和外觀上和電鑽起子很像，而且還可以用強勁的力道鎖螺絲或鑽孔，因此會認為好像可以用這一把涵蓋所有作業，但若要調整旋轉速度進行精細的作業，必須用得相當習慣才行。

最大的特色是強勁的力量

木工或家具行等等專家，大多使用衝擊起子，將稱為粗牙螺絲的長螺絲代替釘子鑽進去固定木材。利用衝擊起子的衝擊力強勁鑽入，是在作業中相當方便的機械。

要在堅硬的木頭或有厚度的材料上鑽入多個螺絲，衝擊起子是很適合的工具。特別是像製作木板露臺等等要鑽入許多長螺絲的作業，是衝擊起子的擅長領域。最大緊固扭距值若有120N·m（牛頓·公尺），在製作使用2×尺寸的木材的露臺或家具等等的木工上，是非常值得信賴的電動工具。

就連用電鑽起子機都很難鑽入的長螺絲，只要用衝擊起子就能強勁地鑽入，強大的力量就是它的特點。

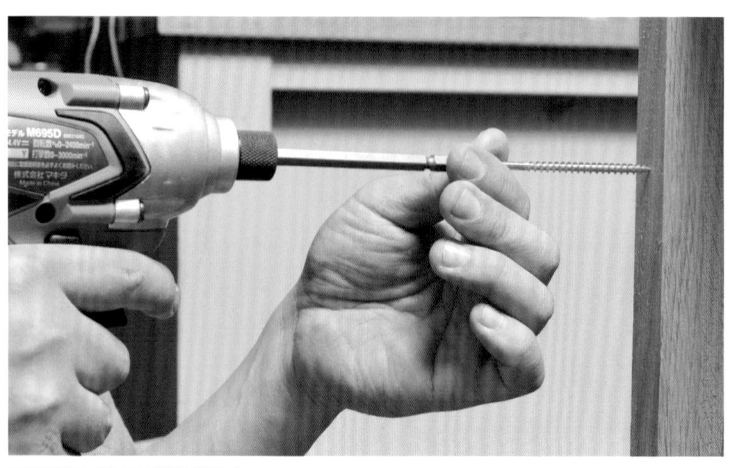

用衝擊起子將粗牙螺絲鑽進去

衝擊起子的用法

以衝擊起子的構造，若承受一定程度以上的負荷，就會朝旋轉方向敲擊機體內部的鑽桿並強力轉動，不過如果鎖過頭，螺絲會過度陷入材料之中，使得螺絲頭的溝槽磨損變得圓滑，螺絲或起子頭也可能會斷掉，因此要判斷何時鑽得恰到好處，並停止鑽入螺絲。

由於安裝頭的部分做成適合6.35mm的六角軸，若要夾圓形的頭會無法裝上夾頭連接器。衝擊起子在鎖緊螺絲時，為了不讓加裝的頭滑掉，必須要用最低限度的力量去推壓，工作進行時不僅迅速，心情也很暢快。

衝擊起子不像電鑽起子一樣，附有能夠調節扭距的構造（離合器機能），因此不太擅長將螺絲鑽進柔軟的木材裡。習慣之後，可以微妙地操作扳機開關，靠著謹慎調整鑽軸的轉速，使用在精細的作業上。若熟練習慣了，要用得像電鑽起子一樣也不是不可能。

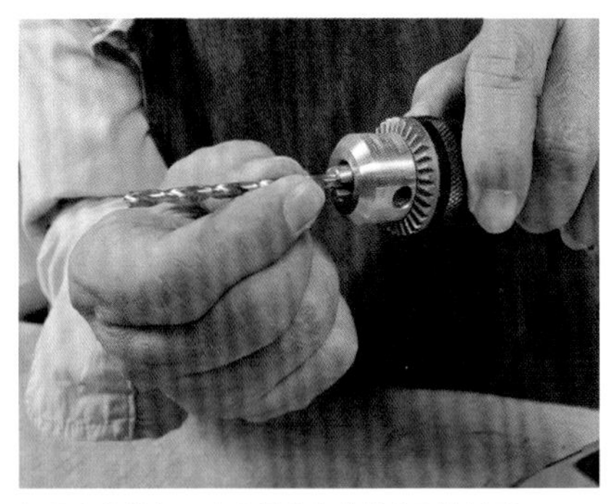

這是在衝擊起子上安裝六角軸的夾頭連接器，並插入鑽頭的模樣

衝擊起子的優點及缺點

○即使是堅硬的材料也可以鑽入螺絲

○可以加速作業進行

○衝擊的聲音具有充實感

×進行鑽大孔這種需要力量的作業時，轉速會因為衝擊機能而變慢

×因為無法調整扭距，會把螺絲鎖過頭

×衝擊的聲音很大（在公寓要注意）

×因為難以調節速度，要注意別把螺絲鎖過頭

電鑽的
部位與功能

電鑽大致上可以分為電鑽起子、衝擊起子與電鑽3種，雖然外形有點不同，不過基本上部位與功用是共通的。
這裡以衝擊起子為例，概略說明各個部位的名稱與功用。

電鑽的部位名稱（正面）

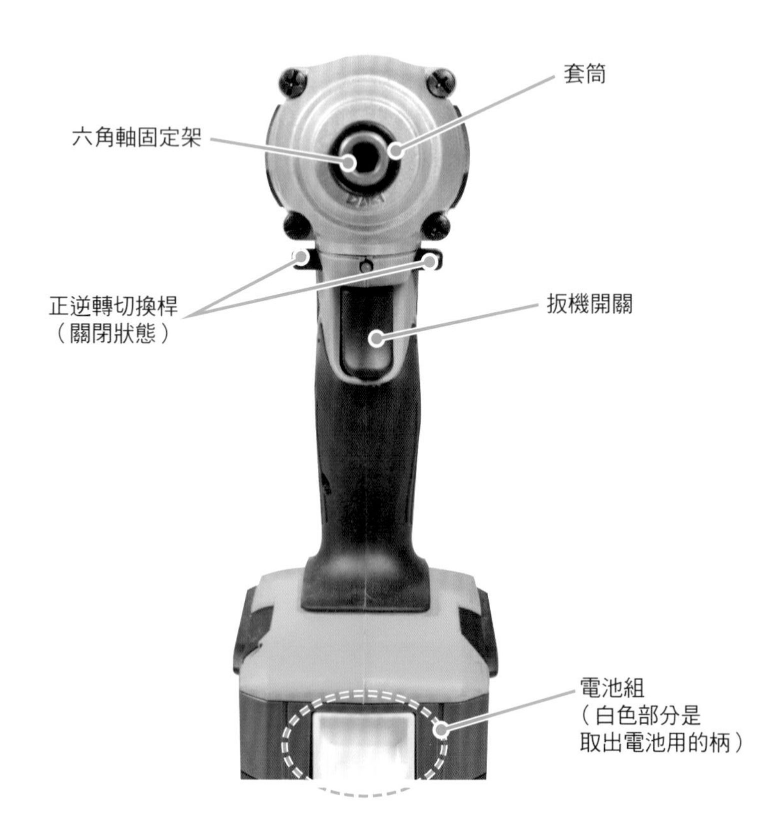

電鑽的部位名稱（側面）

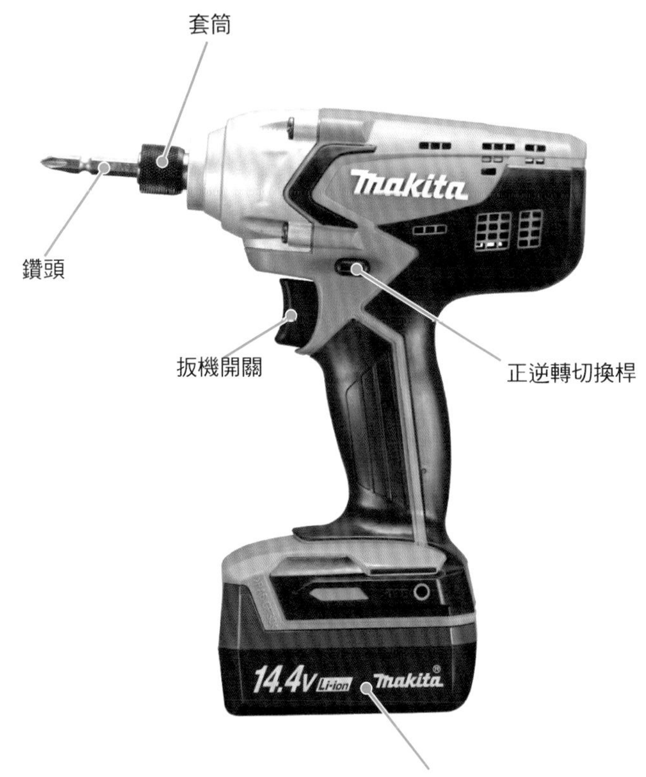

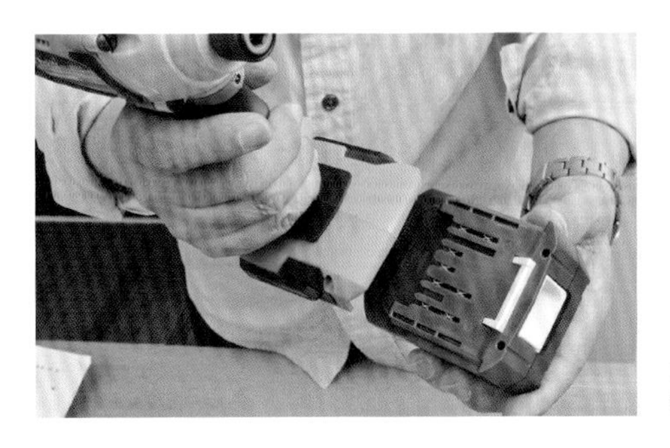

此機種的電池裝卸時為橫向滑出

切換旋轉方向的推桿

輕鬆切換正・逆轉

切換馬達的旋轉方向，可透過操作正逆轉切換桿進行。可以握著握柄單手切換，是十分便利的構造。

右手握住握柄，以拇指按下正逆轉切換桿，就會變成逆轉（從機體後方來看是左旋轉）；用食指按下另一邊的切換桿，就會變成正轉（從機體後方來看是右旋轉）。正轉是鎖螺絲的旋轉方向。

切換推桿停在中央就是關閉，開關沒有打開。這樣扳機開關會變成無法作用的狀態，是安全更換鑽頭的必要構造。

右手握住握柄時，
以食指按下旋轉方向切換推桿，
旋轉方向就會變成鎖緊螺絲的正轉。

從正面看
旋轉方向切換推桿的位置

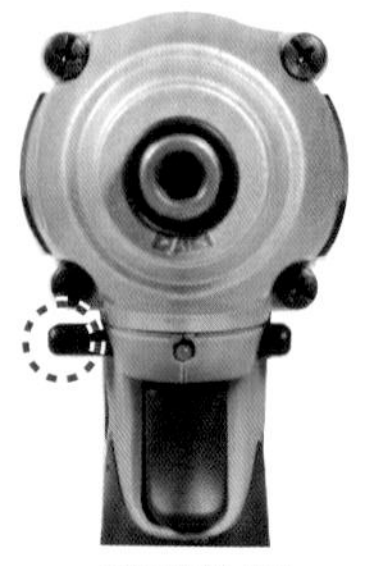

逆轉位置

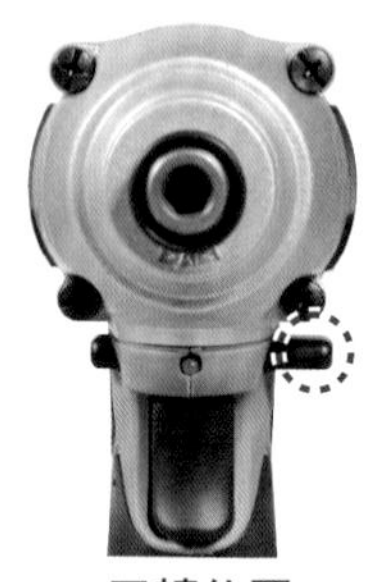

正轉位置

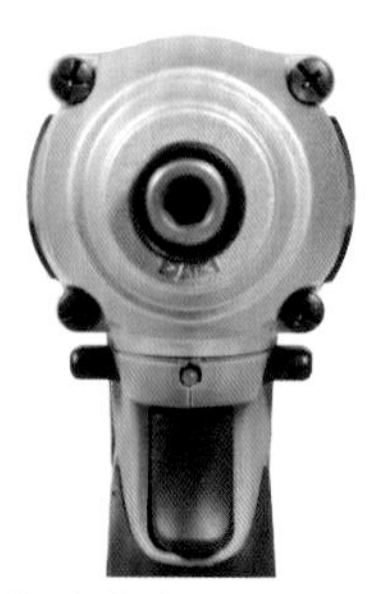

推桿位在中央，呈現關閉狀態

夾頭的種類

安裝鑽頭的部分稱為夾頭，用3個夾爪固定鑽頭的夾頭分為2種。幾乎所有電鑽或電鑽起子機所使用的都是鑽夾頭或無鍵夾頭（keyless），是在夾頭內部以3個夾爪均等地固定鑽頭的構造。夾頭是非常精巧的部位，可以安裝鑽頭不滑脫。

鑽夾頭的特徵

◆基本型的鑽夾頭精確度很高，由於使用夾頭鍵（夾頭扳手）能充分鎖緊，因此可以信賴。此外，對於逆轉或緊急停止主軸，這個構造也很堅固。

◆要用夾頭鍵（夾頭扳手）鎖緊或鬆開很麻煩。

◆用夾頭鍵鎖緊之後，必須拿掉夾頭鍵來確認是否安全。

◆和無鍵夾頭相比，長度短且緊密。

◆尺寸豐富。

◆若鎖太緊，有時會很難用夾頭鍵鬆開。

◆即使是衝擊起子，也可以安裝鑽夾頭。

在衝擊起子上安裝鑽夾頭

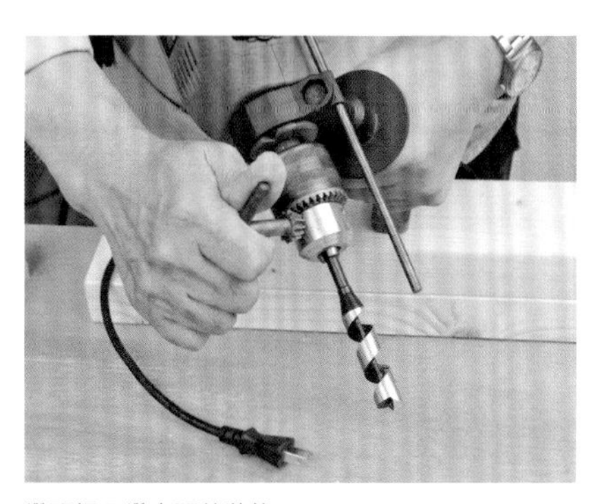
鑽頭插入鑽夾頭的狀態

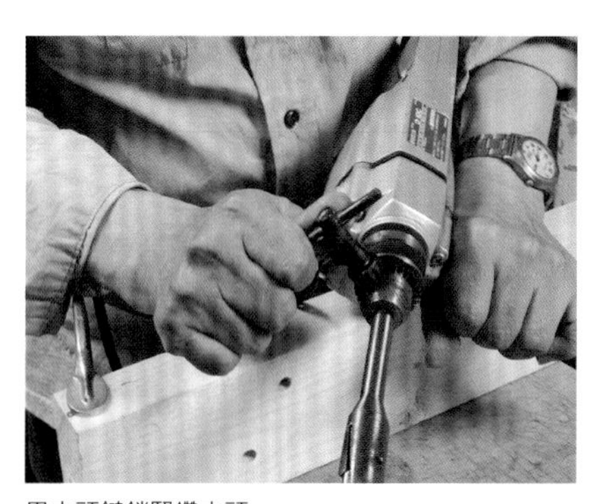
用夾頭鍵鎖緊鑽夾頭

無鍵夾頭的特徵

◆由於可以用手旋轉套筒來鎖緊或鬆開鑽頭，省下裝卸的工夫。

◆即使是衝擊起子，也可以安裝無鍵夾頭。

◆若遇上很大的阻力因而鎖得太緊，有時會很難用手鬆開。

◆若在旋轉中突然施力，鑽桿（柄）一打滑，有時會受到很嚴重的傷。

夾頭內側的 3 個夾爪固定住鑽頭的狀態

附六角軸的無鍵夾頭

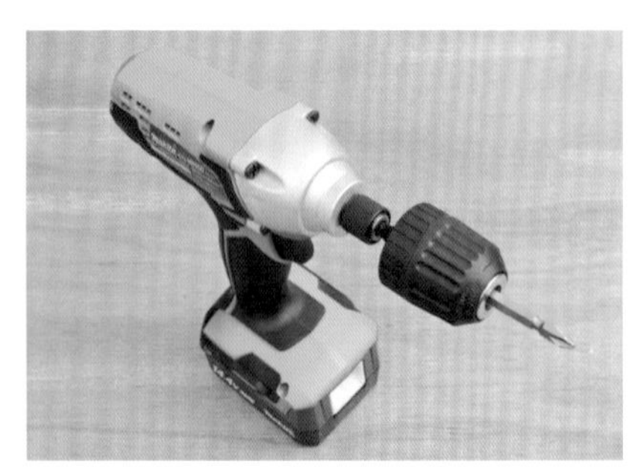

在衝擊起子上安裝附六角軸的無鍵夾頭

六角軸接頭

衝擊起子使用的六角軸接頭，用單手就能裝上鑽頭。將套筒往前端方向拉開，將六角軸的鑽頭插入接頭，再將套筒復原就能接上鑽頭，是很便利的構造。

因為這是六角軸鑽頭專用的接頭，所以無法直接裝上圓軸鑽頭。若要在衝擊起子上使用圓軸的鑽頭，只要裝上附六角軸的無鍵夾頭就可以了。

六角軸接頭的特徵

◆只要按一下就能安裝鑽頭，也只要按一下就能取下。拉開套筒，將機體朝下，鑽頭就會因本身的重量而掉出來，因此也能迅速更換鑽頭。

◆因為是靠鑽頭的重量來取下，所以就算鑽頭很燙也沒有直接碰觸的必要。

◆若有六角軸鑽頭，就算處於進行衝擊（打擊）的狀態，接頭裡的鑽頭也不會打滑。

◆衝擊構造運作之後會降低轉速，鑽孔之類的進展會變慢，不過就算是粗鑽頭也可以使用。

附六角軸的鑽夾頭

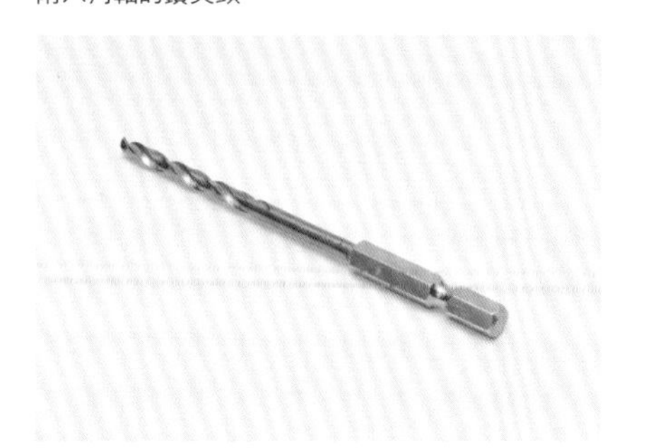

對應六角軸接頭的鑽頭

AC電源型與充電型

AC電源型

●日立工機
FWH12VD

電鑽起子機和衝擊起子都有使用家用電源的100V型，可以依照順手的程度與價格，來選擇特性適合自己想製作的物品的機種。有時也會標示為插電式或AC電源、100V型等等，每一種指的都是相同的機種。

插電式主要用在室內作業，適合狹窄場所的作業或工作檯上的作業等等；用在室外時就必須要有延長線。機器本身很輕，由於是AC電源，可以持續放出穩定的力量，只要插上插頭，隨時都可以開始工作。價格比充電型低，在成本面上也很有利，只要習慣電線的存在，可說是具有相當的優勢。如果是偶爾才會用到電動工具，AC電源型可說是相當足夠了。

充電型

充電型有利於室外作業，或在移動中使用。

充電型的電動工具，有在機體裡內建蓄電池的機型，以及可以將蓄電池拆下的機型。可以拆下的機型要使用專用的充電器，如果是附2個蓄電池的機型，作業時還可以先為另一個電池充電，在使用上很方便。

內建蓄電池的機型，要將AC變壓器直接插上機體充電。這種機型多為力量小的小型機種，要依製作的物品來選擇。

● BOSCH
PSR18

充電型與充電方法

充電型的主流是鋰電池

以往電動工具的蓄電池，很多都是鎳鎘電池或鎳氫電池，現在的主流則逐漸變成鋰電池。

因為鋰電池具有自放電量少，即使長期保存也可以在將近滿電之下作業這些特性；而且考量在使用鋰電池的情況下，只要有一個鋰電池就能用在各種電動工具上。再者，最近也可以使用在園藝工具、燈具、抽風機等等地方，使用範圍逐漸擴大。

此外，充電型電動工具也有只賣機體的情況，可以用比附蓄電池和充電器的套組更便宜的價格購入。

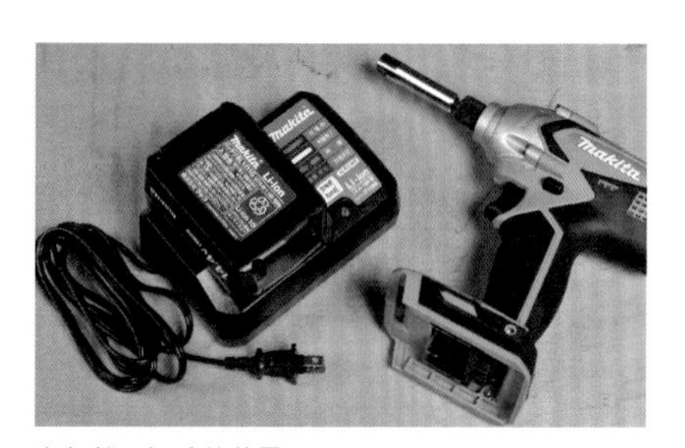

有鋰離子標誌的蓄電池

充電方法

充電型在使用時，所充的電量會減少，以致力量不足，因此需要充電，不過充電必須要花一定程度的時間。

在充電的時候，依照廠牌或型號的不同，充電器的燈會亮或是閃爍。看到充電完成的燈亮了，就可以知道已經充飽。此外，也有充完電會以警示音告知的機種。

顯示充電狀態的燈

讓鋰電池更耐用的方法

製造廠推薦下列充電方法，可以讓鋰電池更耐用。

- 只要感覺到工具的力量變弱了，就停下來充電
- 已經充飽電的電池不要再度充電
- 充電時要在氣溫 10℃～ 40℃的環境下
- 若蓄電池因剛使用完等等原因變熱，要等冷卻後再充電
- 若超過 6 個月不使用蓄電池，要充電之後再保存

安全作業上的重點

在使用利用馬達的力量讓工作更有效率的電動工具時，為了能持續進行安全的作業，要注意工作時的服裝，並活用各種防止危險的防護用具。

為了作業安全 用防護用具與服裝來預防危險

要注意服裝

不要穿著袖口鬆垮下垂的衣服。在不習慣木屑飛散的情況下，要穿著長袖襯衫。此時也要確實扣好袖子的鈕釦，不讓袖子碰到材料，另外也要注意別讓袖子捲入工具中。

戴護目鏡

作業時鑽頭鑽出的碎屑會四處亂飛，有時也會飛進眼睛裡；另外，鑽頭尖端若斷裂飛走會很危險。使用電鑽架或鑽床等等的時候，有時臉會靠得很近，護目鏡就是必備物品了，尤其要注意金屬屑。

護目鏡有像一般眼鏡的款式和防風鏡款式。若是防風鏡的款式，由於眼鏡兩側也擋住了，對付碎屑就更讓人放心，不過有時在氣溫高的日子會因為流汗起霧，寒冷的日子會因呼吸而起霧。不管是防風鏡式或眼鏡式，都有能戴在普通眼鏡上的款式。

使用防塵口罩與耳塞

要防止在作業時吸入碎屑，就要使用杯狀的防塵口罩。雖然戴了會有點難以呼吸，不過為了防止吸入打磨或切割集成材時產生的粉塵，希望各位要使用這項用品。另外，若會在意電動工具的運轉聲，用耳塞也很有效，這也是使用其他電動工具時的必備物品。

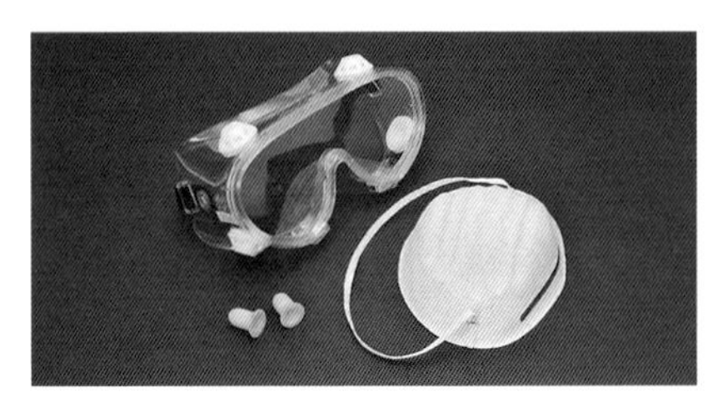

護目鏡、防塵口罩、耳塞

戴棒球帽防止灰塵

棒球帽要選用能夠清洗的布製種類，且布料的織法要結實緊密。依據作業內容的不同，有的情況下棒球帽的帽簷會防礙視野，所以要挑選帽簷短的帽子，或將帽簷朝後方戴。

材質強韌的圍裙很方便

鑽孔加工時，鑽出的碎屑會飛向四周，為了不讓碎屑附著在衣服上，穿上圍裙是個方便的做法，不過只能在使用電鑽時這麼做。例如在使用電鋸時穿圍裙的話，圍裙邊緣會有被捲入之虞，因此必須要多加注意。

如果穿著附著碎屑的衣服四處走動，會擴大碎屑散落的範圍，所以要常常拍掉碎屑。

不戴工作手套，不可以在頸部綁毛巾

使用電動工具時，為了避免危險，不要戴工作手套。雖然依據材料狀態的不同，有些情況下會戴手套以防止受傷，不過都要使用具止滑效果、貼合手部的手套。

一到了濕熱的季節，在脖子上綁毛巾雖然方便擦汗，但是也有被捲進旋轉中機器裡的危險，因此絕對不能綁在脖子上。

多多使用小型掃帚

削下或切割下來的碎屑會飛濺在工作檯上，小小的碎屑也會成為材料打滑或受損的原因，因此，若準備一把清掃工作檯面的小掃帚就會很方便，還可以在清除材料上的灰塵，或清潔工具時使用。

在作業檯上，若削下的碎屑掩蓋住尖銳物品等等的工具，或掩蓋住地板上的工具，在這種情況下若踩到就會非常危險。要養成在碎屑堆積成山之前就清掃掉的習慣。

金屬碎屑非常危險

用小型掃帚掃除碎屑會比較安全

為了
作業安全

進行準備工作時，一定要切斷電源

更換鑽頭的時候，若只關掉機體的開關就更換，不小心按下開關時，就會有遭受到意外傷害的危險。更換鑽頭或是保養的時候，要卸下電池或拔掉插頭，養成確實切斷電源的習慣。

切斷電源防止故障

充電式

若是充電式的電鑽，要拔掉蓄電池之後再更換。尤其是用夾頭鍵旋轉鑽夾頭的時候，要養成拔掉蓄電池的習慣。

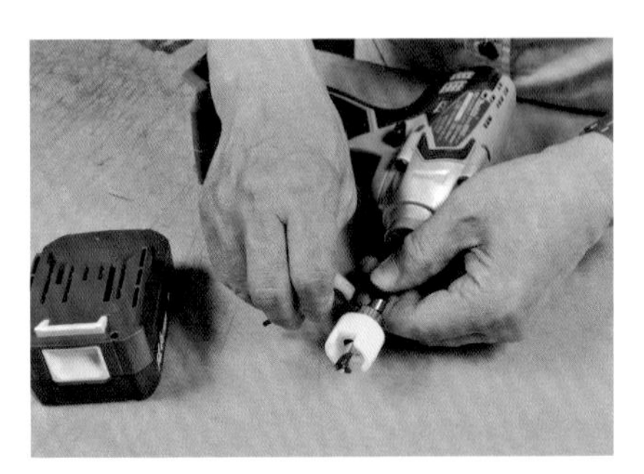

更換鑽頭或保養的時候，要拔下蓄電池，以防止突發事故

AC 電源式

100V的AC電源式在更換鑽頭時，要從插座上拔起插頭。若是在作業途中，可以先把拔掉的電線掛在脖子上。

AC 電源的機器在更換鑽頭的時候，要從插座上拔起插頭

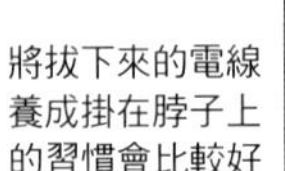

將拔下來的電線養成掛在脖子上的習慣會比較好

也必須要注意電源線

準備延長線

電鑽的電源線若不夠長，就要購買延長線，若機器的電流值在15安培以內，要買電線粗度為 $1.25mm^2$，長度在10m以內的延長線。使用延長線時，不要將多餘的電線緊緊綑住，收納時也要捲得鬆一點。

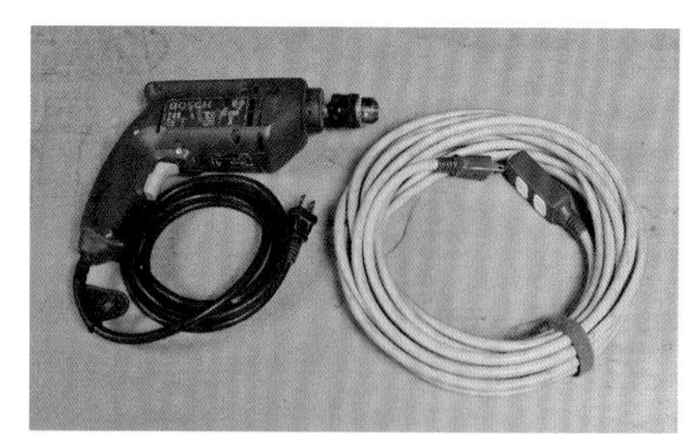

延長線要捲得鬆一點

使用附有拔除槓桿的插銷

更換電鑽鑽頭時，拔下電源插頭是很重要的鐵則，若能單手拔除插頭，不僅不麻煩，還能確保安全。如果使用市面上附有拔除槓桿的插銷，就可以輕鬆用單手拔掉插頭。

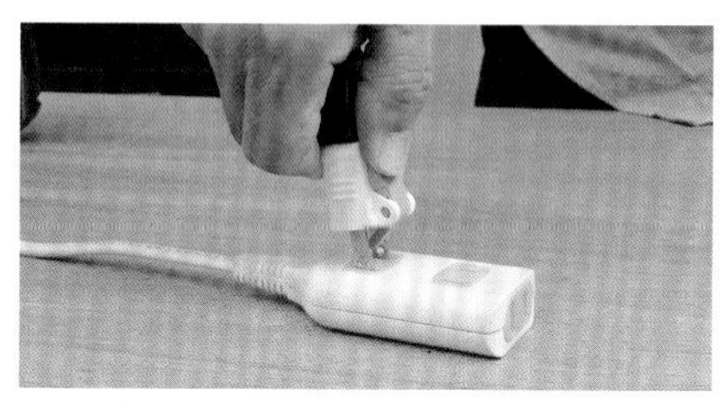

用附有拔除槓桿的插銷

對預防危險也有幫助的腳踏開關

用雙手操作機器時，如果有一個能用腳踏板開關電源的腳踏開關會很方便。這個附有中間插座的腳踏開關，有AC 100V用的2P插頭的插入孔，可以插上電鑽插頭使用。

在操作電鑽時，即使發生材料失控或鑽頭折斷的突發問題，只要有能用腳關閉電源的腳踏開關，就可以迅速應付避免危險。

● OJIDEN 製的腳踏開關 OFL-V-M45

為了
作業安全

要將材料牢牢固定好

將材料固定牢靠，就可以安全地進行工作，也可以正確地完成加工。若用手壓住，材料會因不穩定而容易移動，在鑽小型材料時不易瞄準，會使工作變得危險。因此要用夾具或台虎鉗將材料牢牢固定，才能安全地工作。

用夾具或台虎鉗固定材料

用手壓住材料，另一隻手拿電動工具，這種做法對於非新手來說也是既困難又危險，請避免這麼做。

夾具或台虎鉗可以牢牢固定材料，建議在作業中使用。木工台虎鉗（萬力）可以牢牢固定材料，穩定地進行作業。

固定材料的方法有千百種，也可以自己製作簡單的夾具。此外，等待黏合材料乾燥時，也可以使用夾具。

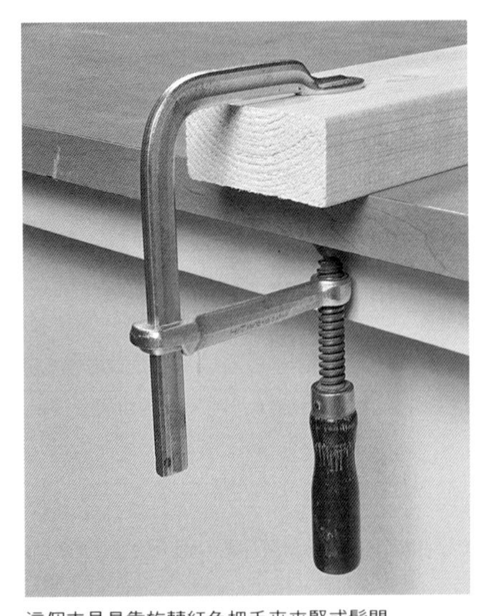

這個夾具是靠旋轉紅色把手來夾緊或鬆開

木工台虎鉗（萬力）
可以將材料牢牢固定

夾具的形狀

夾具主要用在夾住配件，是個方便的工具，從夾住大型物體到固定極小的東西都能使用，在尺寸和外形上也有諸多選擇。

最常使用的是像照片中類似「F」形狀的夾具，雖然不需要做很多預備工作，不過要配合自己的作品來準備。若要固定小型物體，堅固的曬衣夾有時也意外地有用。

用夾具夾緊，是什麼意思？

裝上夾具

①首先旋轉夾具的把手降低螺旋鉗口的部分，將橫條的頭放在材料上，移動夾臂直到碰到工作檯下的桌緣。

②旋轉把手，將橫條的頭和桌緣之間的工作檯，以及材料牢牢固定。

■在工作檯上夾緊配件的情況

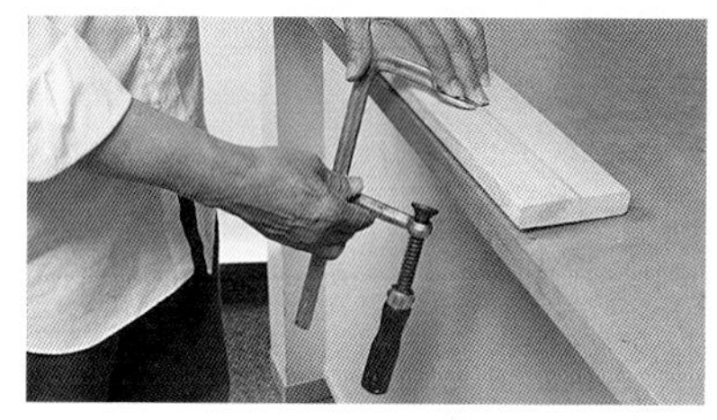

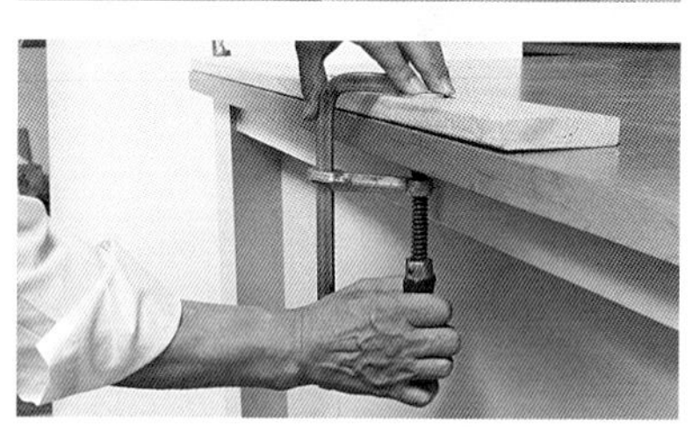

一些小重點

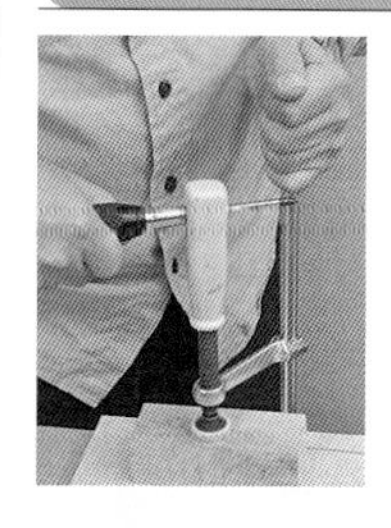

利用把手末端的小洞，可以轉得很緊

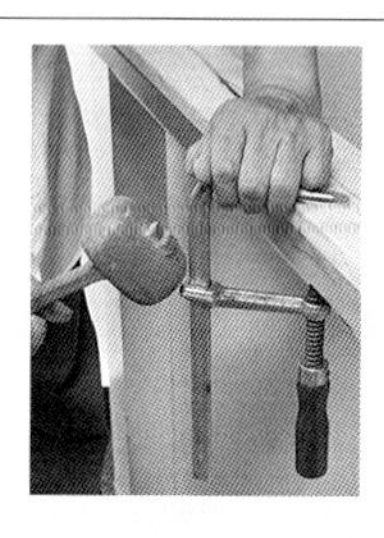

無法鬆開時，用木槌或鐵鎚之類輕輕敲打，就能輕易鬆開

購買之後要詳細閱讀使用說明書，以獲得重要的訊息。為了對走火、觸電或受傷等等意外防患未然，也一定要遵守說明書上寫的「安全須知」，並時常將使用說明書放在能拿得到的地方。

說明書要存放在能夠馬上拿到的地方

■請特別注意下列事項

以下是說明書中的重要事項摘錄。

◆使用專用充電器或蓄電池。若使用非指定的蓄電池，會有破裂致使傷害或損害之虞。

◆充電器要用有標示額定的電源正確地充電，不用直流電源、內燃機、升壓機等等變壓器類。避免產生異常發熱與走火的疑慮。

◆周圍的環境不到0℃，或超過40℃時，不要為蓄電池充電。否則電池不僅無法正確充電，還會有破裂或走火之虞，會縮短蓄電池的壽命。

◆不要讓蓄電池的端子短路。若將電池放入裝有鐵釘或金屬的袋子裡，有可能會導致短路，還會有冒煙、起火、破裂的危險。

◆暖爐器具、微波爐、冰箱外框等等有接地的東西碰觸身體時，不要拿電動工具，因為會有觸電的可能，所以不要輕忽大意。

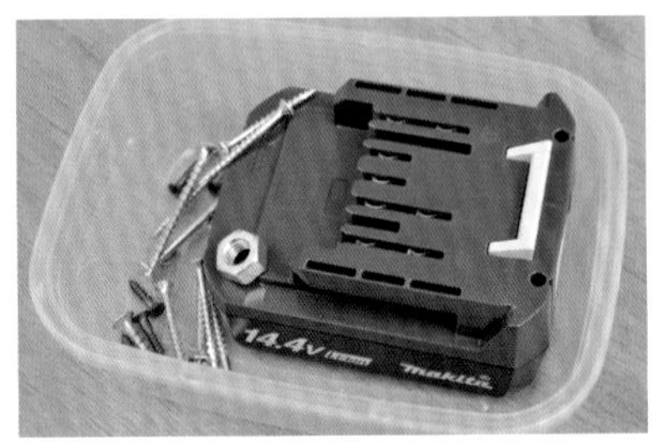

蓄電池端子若與螺絲之類的物品放在一起，就會有起火或破裂的危險（例）

◆由於會有引發火災的疑慮，因此不要在紙箱等等的紙類、座墊等等的布類、榻榻米、地毯、塑膠上面充電。

◆拔插頭時不要拉電線。這不只是對電動工具，家電製品也是一樣，不論是什麼機器，都不可以直接拉電線。

◆移動電動工具或充電器之類的東西時，要注意電源線不要勾到或摩擦到金屬的銳角。

Part 2 試著接觸電鑽

試著實際觸摸電鑽

確認手邊電鑽的夾頭（固定鑽頭的構造），選擇鑽頭安裝上去，開啟電源，試著實際在木材上鑽孔，確認操作方法。

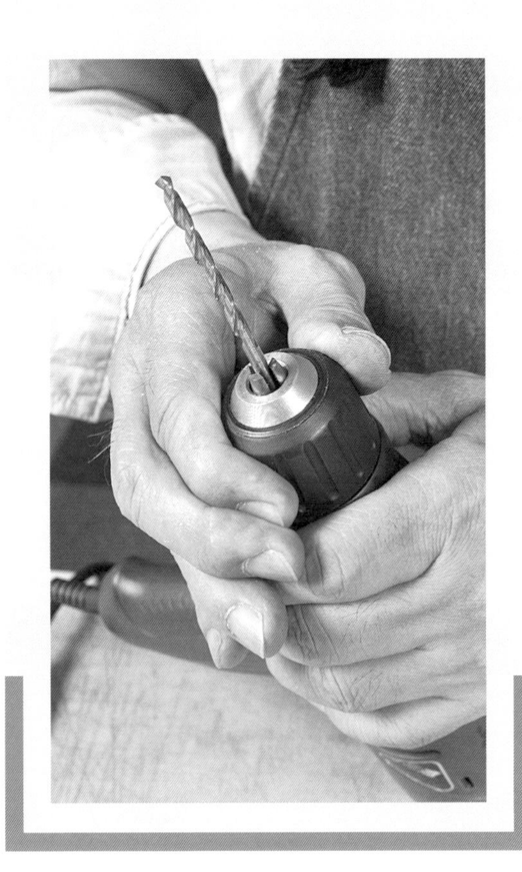

固定鑽頭的方法有3種

鑽頭的安裝方式，有鑽夾頭、無鍵夾頭、衝擊起子的六角軸鑽頭接頭，每一種類型的安裝方法都不一樣。這些類型的共通點，是鑽頭都會高速旋轉，因此確實安裝在正確的位置上，是維護作業安全的第一步。

正確・確實地安裝鑽頭

鑽頭的軸心有2種

鑽頭的軸心，有圓軸與六角軸2種。圓軸可以安裝於鑽夾頭或無鍵夾頭，可是，只要按一下就能安裝的衝擊起子的鑽頭固定架無法緊緊固定鑽頭，因此不能安裝圓軸的鑽頭。

如果是六角軸的鑽頭，除了衝擊起子之外，鑽夾頭或無鍵夾頭也可安裝。

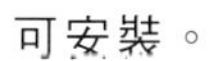

一定要確認鑽頭是否安裝正確

鑽頭安裝好了之後，要從機器上方或旁邊，以水平與垂直方向檢視是否安裝妥當。若在位置偏離的狀態下安裝鑽頭，而且沒有注意就鎖上進行作業的話，不只無法正確地進行作業，還會發生鑽頭飛走等等的危險，因此一定要確認無誤。

一定要輕輕轉動，以確認鑽頭是否安裝在正確的位置上

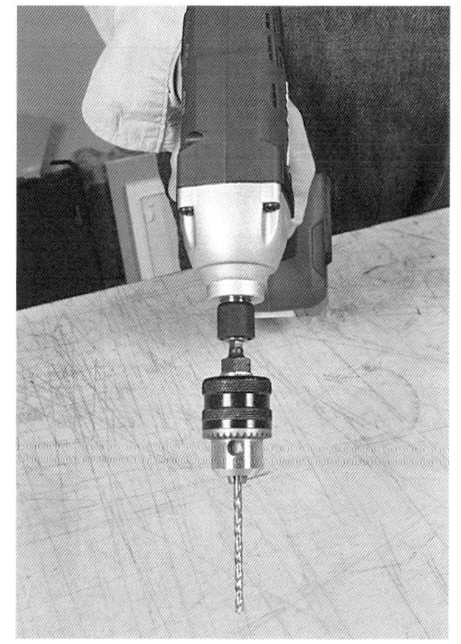

✕ 沒有安裝在正確位置上的鑽頭

更換鑽夾頭的鑽頭

安裝鑽夾頭的鑽頭，要依照以下順序進行。

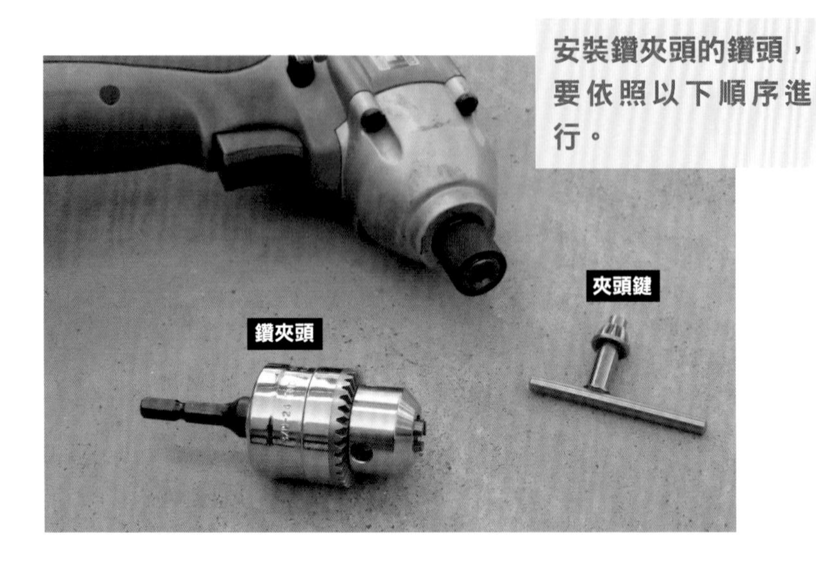

1. 旋轉套筒

安裝鑽頭時，要旋轉鑽夾頭的套筒，打開夾頭的爪。

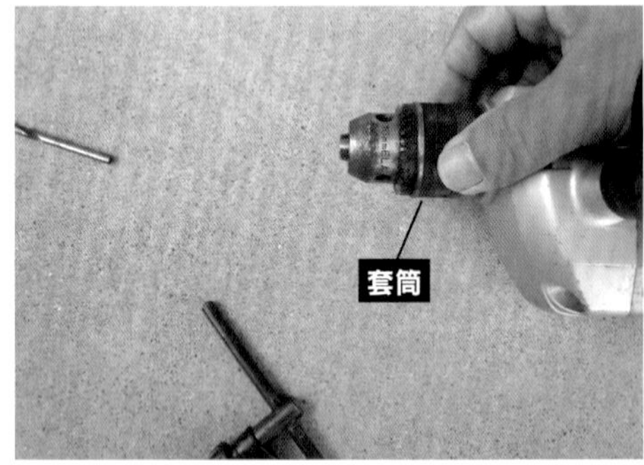

2. 插入鑽頭

插入鑽頭，用手將套筒輕輕轉緊。

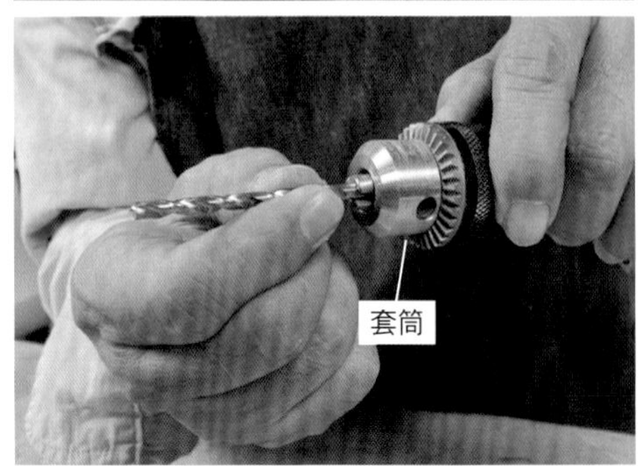

3. 用夾頭鍵均勻鎖緊

將夾頭鍵依序插入夾頭上的3個洞，旋轉夾頭鍵以鎖緊，要邊鎖邊調整，讓3個地方的緊度均勻。

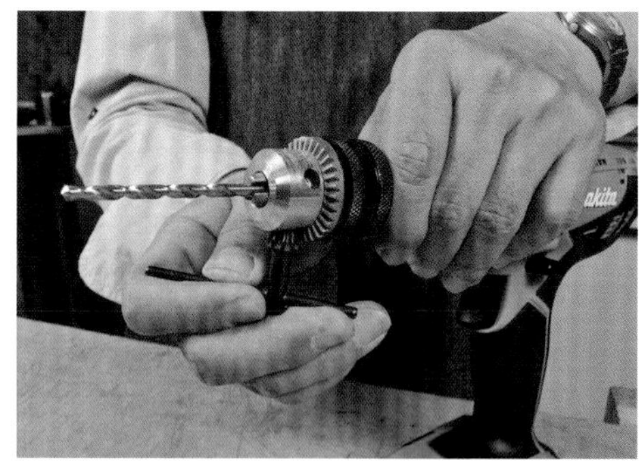

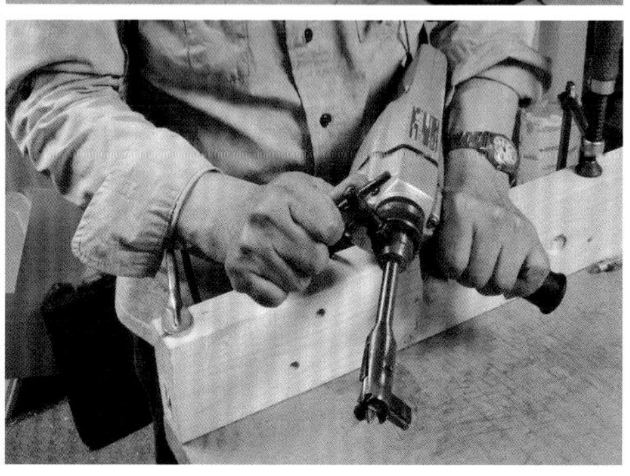

POINT

進行準備或移動時手指要離開扳機開關

更換鑽頭的時候，大多會像左側上圖的照片那樣，把手指放在扳機開關上面，不過要養成手指離開扳機開關的習慣比較好。

此外，使用電源100V的機器，也要養成拔掉插頭再進行作業的習慣。雖然也常常會有握著鑽孔機插電源插頭的情況，不過要特別注意，手指要離開扳機開關。

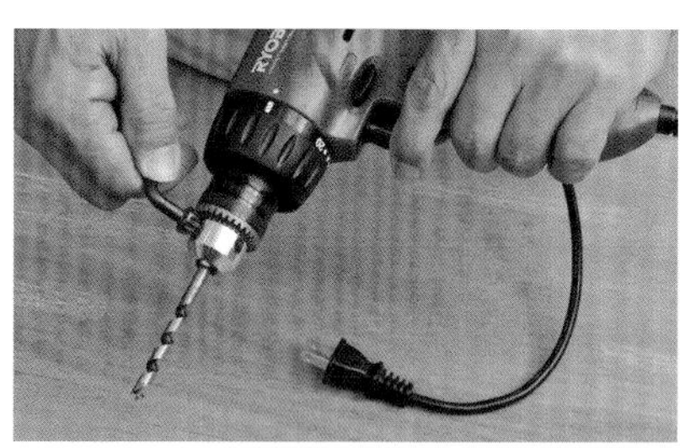

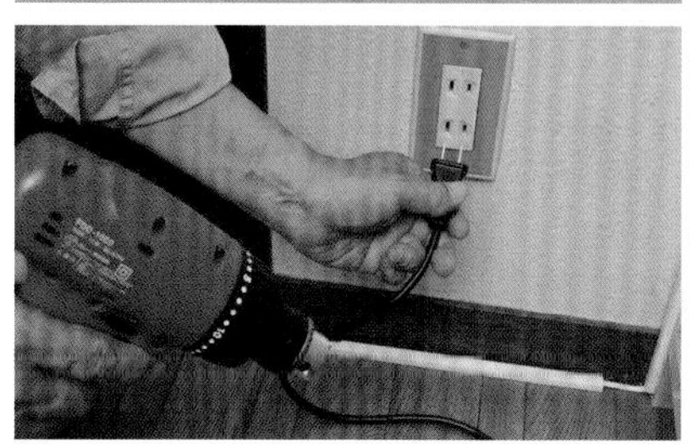

更換鑽頭及插電源插頭時，手指要離開扳機開關

更換無鍵夾頭的鑽頭

無鍵夾頭的構造和鑽夾頭一樣，是以3根夾爪固定鑽頭。

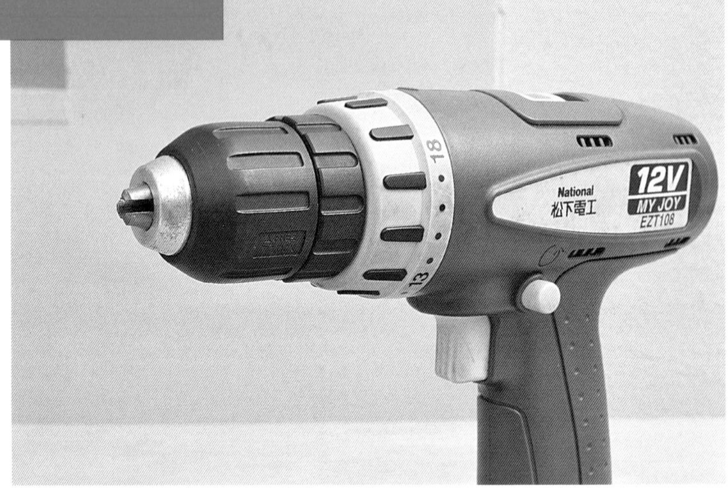

無鍵夾頭的機體側邊，有離合器的操作轉盤。一達到離合器設定的扭力，聲音就會改變，離合器有分離馬達輸出功率與旋轉中鑽頭的功用（參照P47、97）。

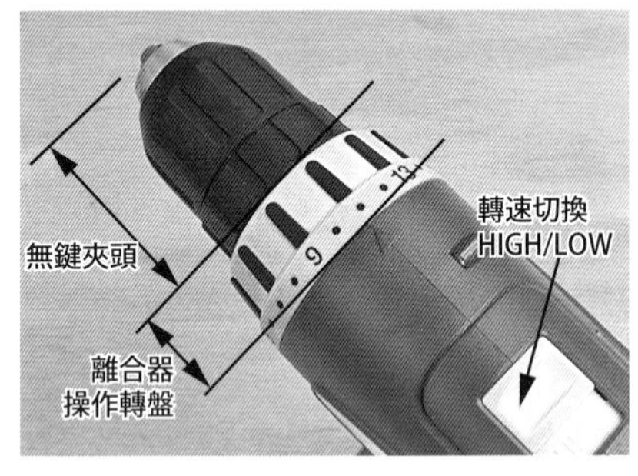

1. 準備好要用的鑽頭

這裡使用的是十字起子頭。

2. 插入鑽頭

安裝鑽頭時，要用手旋轉套筒，像是要放進夾爪的中心似地插入鑽頭。

3. 旋轉套筒固定

將鑽頭筆直放進去之後，旋轉套筒以固定。

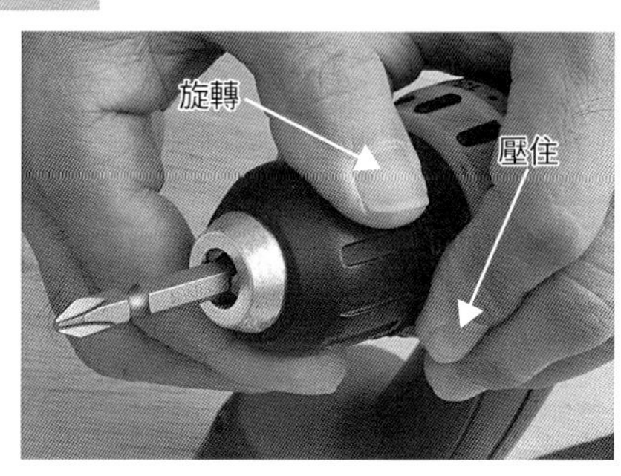

離合器的功用

電鑽的離合器是扭力離合器，是把電鑽當起子使用時，可以改變鎖螺絲扭力的構造。當達到用轉盤設定的負荷值之後，就會分離馬達的輸出功率和旋轉中的鑽頭，擁有使鑽頭不再轉動的機能。

若用力量強的起子鎖螺絲，會有鎖過緊或鎖壞螺絲頭的狀況發生；反之，力量弱的起子無法鎖緊螺絲。因此，用力量強的起子時，要選擇適合鎖每顆螺絲的扭力，此時離合器就派上用場了。

轉動轉盤調整扭力

更換六角軸接頭的鑽頭

更換衝擊起子的鑽頭

具有六角軸接頭的衝擊起子，特徵是只要按一下就能安裝鑽頭。

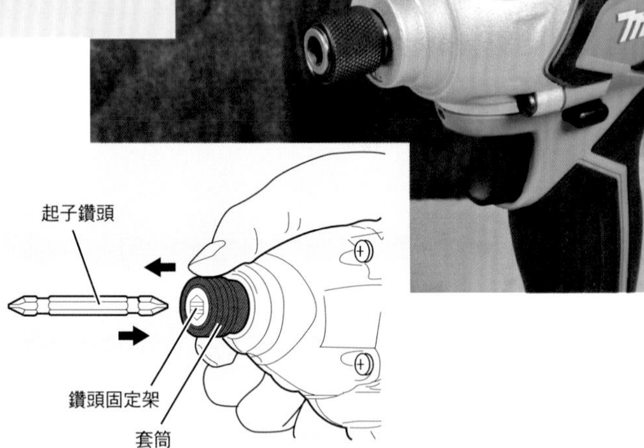

1. 拉出套筒，插入鑽頭

要安裝鑽頭，要在套筒往前方拉出的狀態下，將鑽頭的六角軸插入。

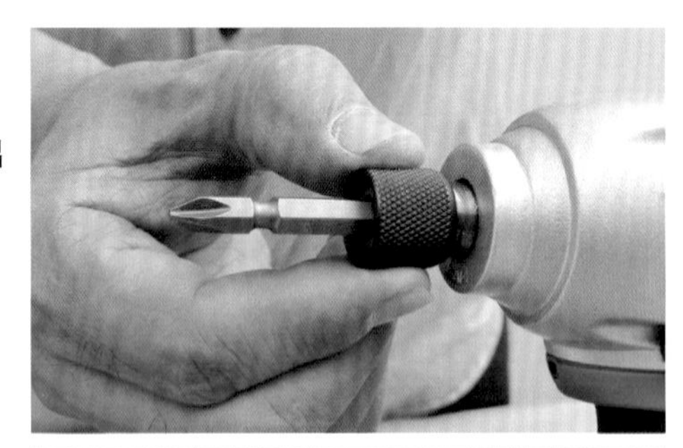

2. 手指離開套筒

放開捏住套筒的手指，套筒就會因彈簧的力量回到原本的位置，鎖住鑽頭。

將鑽頭固定架朝上，作業時會比較輕鬆。

3. 確認鑽頭是否固定

拉一拉鑽頭，確認是否確實固定好了。

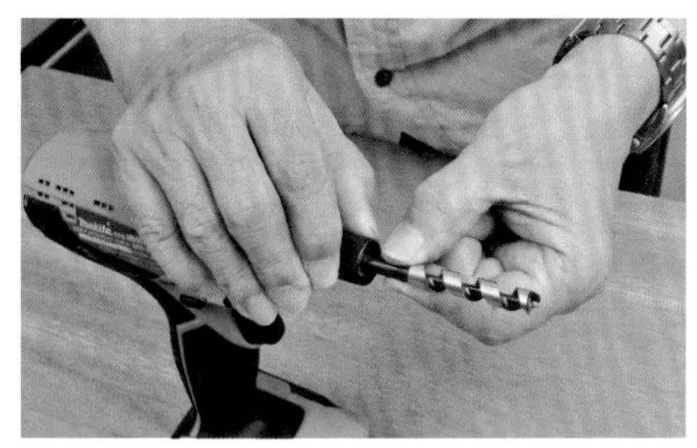

4. 拔下鑽頭

要拔下鑽頭時，套筒一樣要在拉開的狀態下。

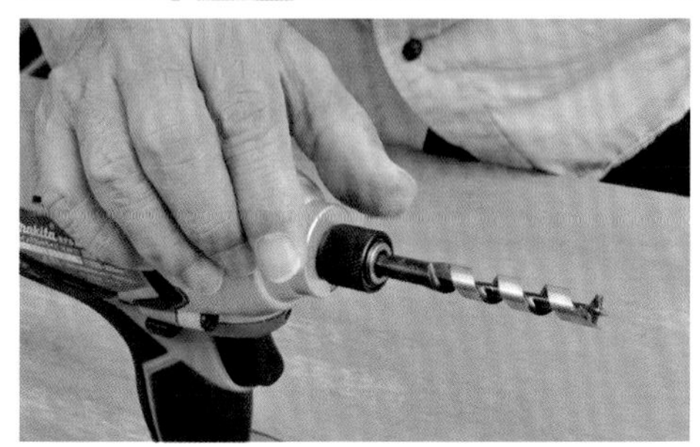

※將機器朝下，就能靠鑽頭的重量輕鬆拔除。

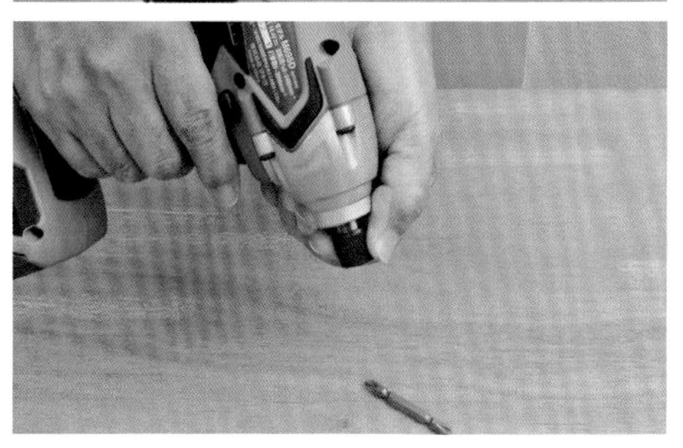

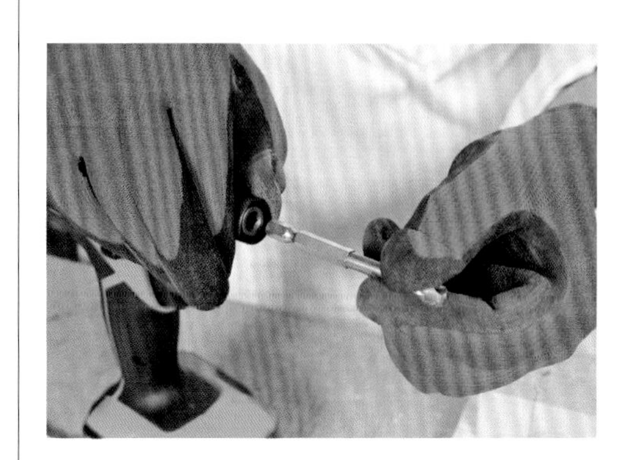

POINT

使用鐵工鑽頭時，最好準備手套或厚布

使用鐵工電鑽頭，手指一滑就可能會被螺旋邊緣割傷，因此處理鑽頭時最好準備手套或厚布。

試著啟動電鑽

準備妥當之後，在充分注意安全之下，試著實際啟動電鑽吧。這裡以充電式衝擊起子為例，介紹啟動電鑽的步驟。

打開開關

1. 確認扳機鎖的狀態

手指的黑色部分是切換正、逆轉的切換桿，若切換桿在中央就會鎖上扳機鎖，無法壓下開關。

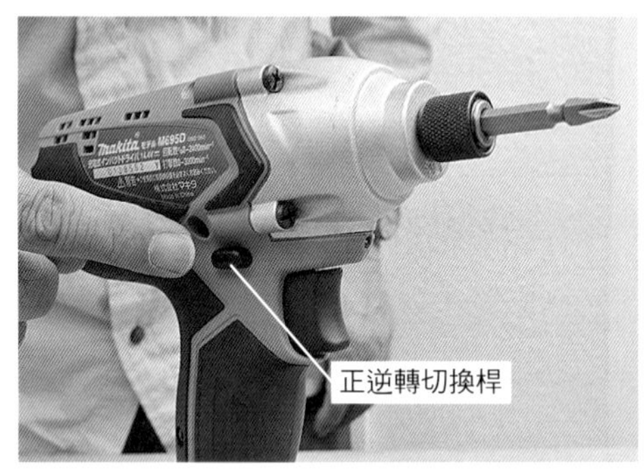

2. 壓下正轉那邊的切換桿

握住握柄，用食指壓下旋轉切換桿就會變成正轉，同時鬆開扳機鎖。

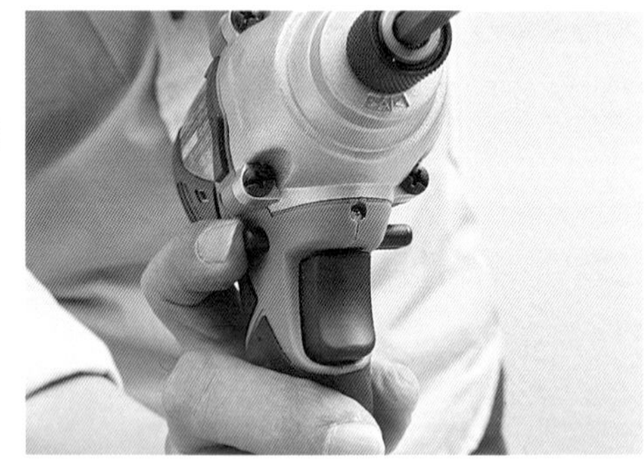

3. 壓下逆轉桿

握住握柄，用拇指壓下旋轉切換桿就會變成逆轉，向鬆開螺絲的方向旋轉。

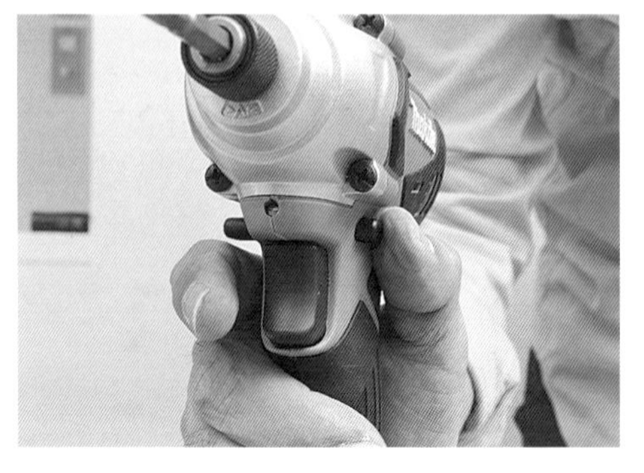

4. 輕壓扳機開關，確認鑽頭的旋轉狀況

可以透過旋轉的狀況，確認蓄電池的充電狀態。

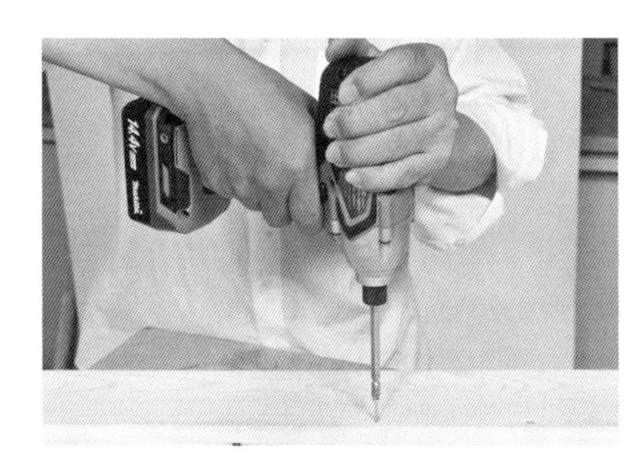

試著鎖一顆螺絲

雙手握住機身以避免機身晃動

握住機身，將視線置於螺絲與鑽頭相連的延伸線上，就可以垂直鎖上螺絲。

換成鑽頭

試著在材料上鑽孔

鑽孔時若會因旋轉而搖晃，就要用雙手握住

雖然很多時候會以單手進行作業，不過若電鑽會因旋轉而搖晃，就要在反方向用手穩住。

電鑽的操作方法

電鑽是利用龐大旋轉力量的工具，在不穩定的姿勢或作業環境下操作會招致危險，因此要養成使用基本操作方法的習慣。

操作電鑽的基本姿勢

1. 水平操作的情況

2. 垂直操作的情況

電鑽的基本操作方法

像要往鑽頭對準的方向前進一般，調整施力的狀況

身體要位在鑽頭後方的延伸線上，將電鑽機身往前推進，決定鑽頭前進角度的雙手在前進時要穩住。

慢慢對鑽頭施力

按壓開關的方式，也是一邊調節一邊推進，慢慢提升轉速。

按壓開關的方式有2種

有慢慢壓下開關，以及不斷重覆一下轉動、一下停止的方式。反覆轉動與停止，是鎖螺絲時防止螺絲溝槽磨損的方法之一。

不用勉強的姿勢進行作業

用不穩定的姿勢進行作業很危險，作業時腳邊有多餘的材料或散亂的碎屑也很危險。即使在作業途中也要打掃。

進行作業時，臉不要靠近鑽頭

這是為了防止破損的鑽頭或碎屑飛濺。

Part 3 鑽孔的基礎

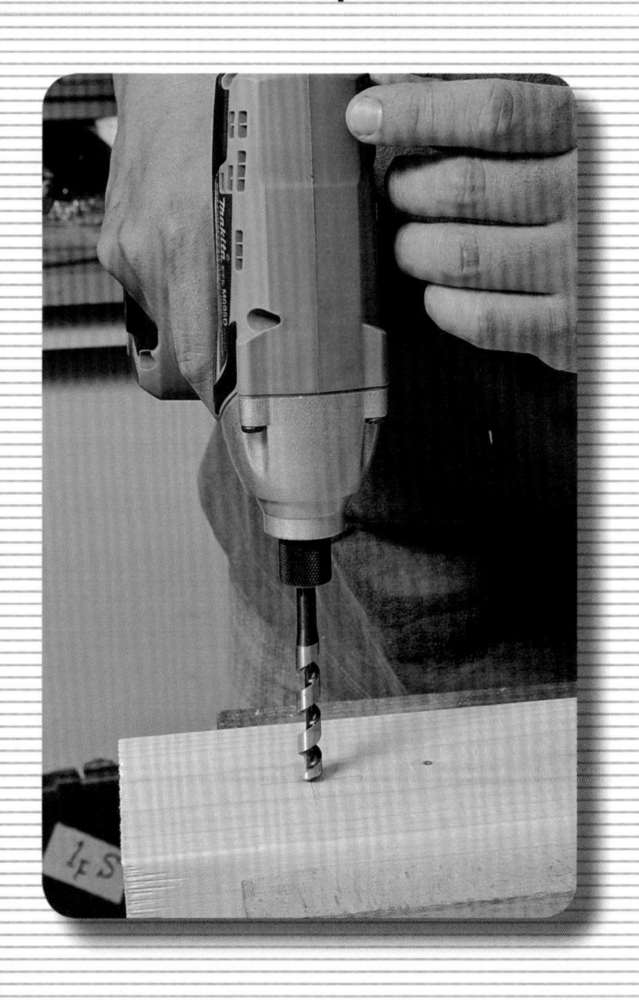

用電鑽鑽出漂亮的孔

謹慎地鑽出漂亮的孔，會留下令人愉悅的作品。鑽孔是基本的作業工程，重點是要選擇最適合的鑽頭，安全地發揮出鑽頭的能力。

不論材料是木頭、鐵或非金屬，若使用狀態「鋒利」的鑽頭，就能鑽出漂亮的孔。鑽出的孔洞邊緣翻起來，出現毛邊的時候，要用倒角鑽頭修整。

鑽出插入圓棒用的孔

鑽頭的種類與選擇

鑽出漂亮的孔，就會做出令人愉悅的作品。鑽孔使用的是鑽頭，要使用形狀適合自己電鑽的鑽頭，並視材料為木頭或金屬，選擇最合適的前端工具。安全地使用並活用工具的能力是很重要的。

鑽孔鑽頭的形狀

將材料分為木材與金屬2種，在不同材料上鑽孔的鑽頭形狀有各自的特徵。若拿在木材上鑽孔的木工鑽頭來看，尖端有尖銳的銳角形狀，金屬用的則不是很尖。

此外，木工用的鑽頭，鑽紋間隔很寬，這是可以輕易排出木屑的構造；另一方面，金屬用的鑽頭鑽紋間隔有點狹窄。

要在壓克力之類的堅硬塑膠上鑽孔，要用的是鐵工鑽頭，不過要注意別鑽壞孔的邊緣。在軟塑膠板上鑽孔，也要準備專用的鑽頭。

上／具代表性的木工用鑽頭形狀
左／用木工用鑽頭鑽孔

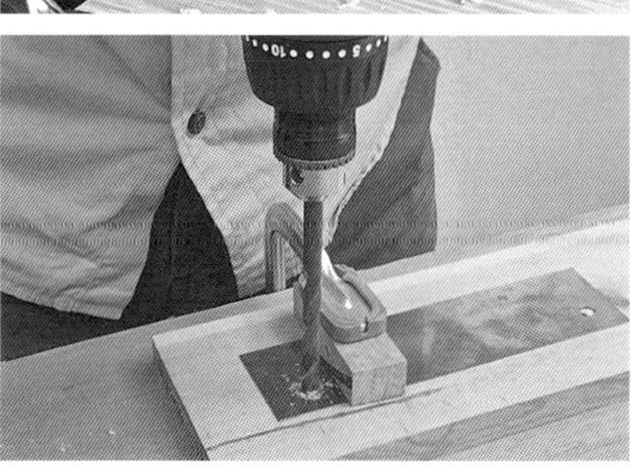

上／具代表性的鐵工鑽頭形狀
左／用鐵工鑽頭鑽孔

鑽頭的軸有圓軸和六角軸，要選擇適合自己機器的類型。

圓軸鑽頭

3爪夾頭要用圓軸鑽頭

圓軸鑽頭可以用在鑽夾頭與無鍵夾頭，但衝擊起子不能用。

固定在鑽夾頭上的時候，要將夾頭鍵依序插入3個孔中鎖緊，因此可以安裝得很牢靠，而且也適合安裝在要求要組裝在旋轉軸中心的鑽床，是進行正確的精密加工所必備的鑽頭類型。

圓軸鑽頭

六角軸鑽頭

六角軸鑽頭的泛用性高

這種類型的鑽頭，廣泛適用於各種夾住鑽頭的夾頭。由於軸是六角形，不管是夾頭有3爪的鑽夾頭，或無鍵夾頭都能安裝，也能安裝在衝擊起子的六角軸接頭上。

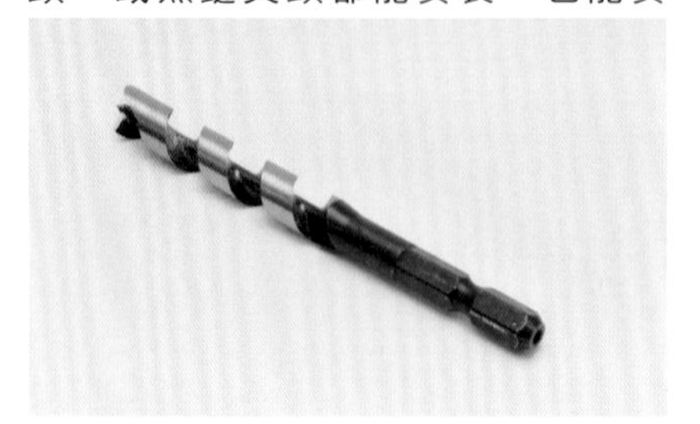

六角軸鑽頭

使用衝擊起子，若是六角軸鑽頭，只要按一下就能裝卸，因此在要頻繁更換鑽頭的作業上，可以加快作業的速度。舉例來說，在使用底孔鑽頭之後，就能馬上換成起子頭，用螺絲固定材料。

無鍵夾頭的構造適合六角軸，可以迅速更換鑽頭，可說是便利的夾頭與鑽頭的組合。

木工用的鑽頭

木工用的鑽頭，大致上可分為2種。用在厚的板材或鑽大孔洞的前導螺絲型，以及可以在鑽孔途中停止的尖端三角型。要依照所進行的鑽孔作業類型來選擇。

前導螺絲型的木工用鑽頭

鑽頭旋轉時，尖端中央的「螺牙」會鑽入材料中，一邊用像爪子的「削刃」切割孔洞周圍，一邊用「鑿刃」削下孔洞的內側。由於是靠鑽頭的旋轉來鑽孔，因此鑽厚板材或直徑較大的孔時，特別能發揮出它的威力。

前導螺絲型容易以低速旋轉來加工，適合用來鑽貫通的孔。

若在鑽床上使用前導螺絲型的鑽頭，有的時候材料會像被吸起來一樣舉起，因此要將材料放在平面鋸臺上，用夾具之類的東西牢牢固定再進行作業。

●前導螺絲型鑽頭也稱為椎狀鑽頭。

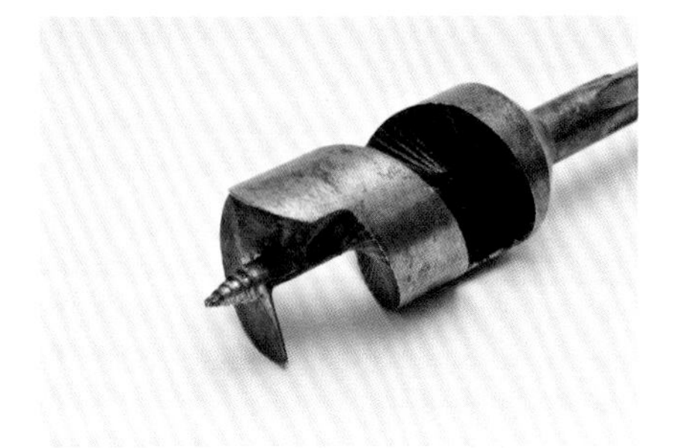

木工用的前導螺絲型鑽頭的尖端部分

木工用鑽頭的外形圖

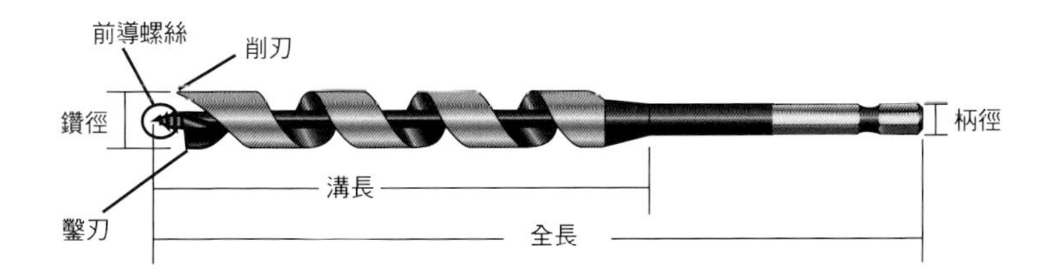

木工用三角尖端型鑽頭

三角尖端型的鑽頭，是尖端為三角形鑽子的電鑽頭，不會像前導螺絲型一樣因旋轉而陷入材料中，所以不會舉起材料。

在鑽孔途中可以輕鬆停止，也適合用在電鑽架或平面鋸臺上。

三角尖端型靠著類似前導螺絲型的作用，一邊以「削刃」切割孔洞周圍，一邊用「鑿刃」削下孔洞的內側，和手動鑽子很像的芯，可以鑽出不會錯位的孔洞。

圓軸的木工用三角尖端型鑽頭範例

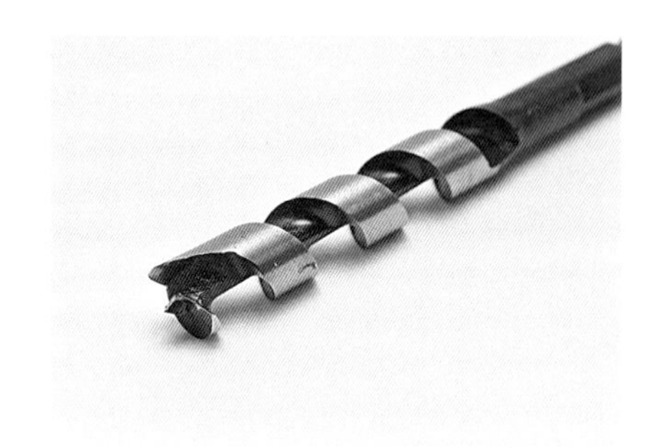

木工用三角尖端型鑽頭的尖端部分

木工用 F 型鑽頭

這是會讓貫通孔的入口和出口皆不易出現毛邊的鑽頭。

要把鑽好的孔稍微擴大，是一項困難的工作，不過這種鑽頭可以減少中心的偏差，擴大孔洞。

木工用 F 型鑽頭

木工用 F 型鑽頭尖端部分

在金屬上鑽孔的鐵工鑽頭

販售做為鐵工用途的鑽頭，適合在各種金屬或壓克力板上鑽孔，是可廣泛使用的鑽頭，稱為「鐵工鑽頭」或「金屬用鑽頭」。

有一部分的鐵工鑽頭，標示適合用在軟鋼、鑄鐵、鋁、銅、黃銅、硬質塑膠、壓克力、木材的加工上，可說是應用範圍廣泛又多元的方便鑽頭。

在金屬板材上鑽孔時，要在下面準備一片墊板（拋棄板）再進行作業。

鑽頭有圓柱軸與六角軸，如果機器是鑽夾頭或無鍵夾頭，就兩者皆可使用

如果想要為不同種類的材料加工，事先準備數種尺寸的鐵工鑽頭會很方便。

圓軸的鐵工鑽頭

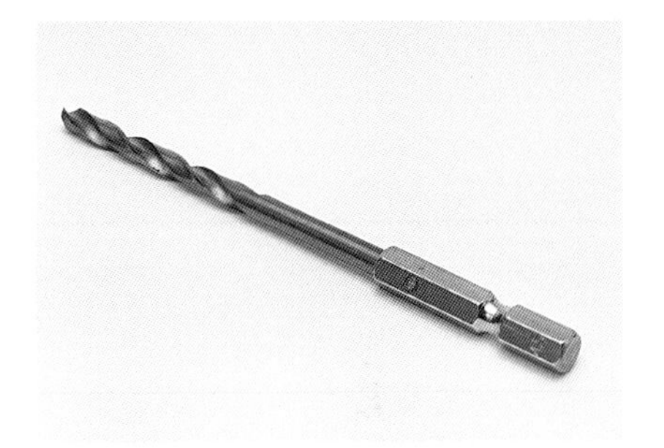

六角軸的鐵工鑽頭

使用鐵工鑽頭在壓克力板上鑽孔

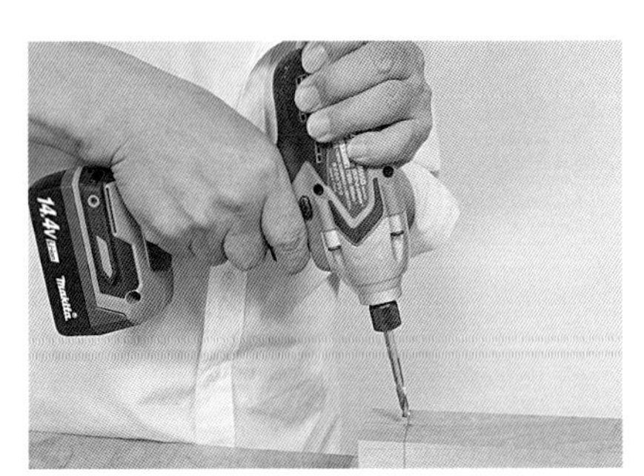

試著在堅硬的木材上使用鐵工鑽頭

在各種材料上鑽孔

在手工藝的領域裡，材料的種類與厚度也有諸多不同，像是木材、金屬、塑膠等等。不管在哪種材料上鑽孔，最重要的是要將材料牢牢固定在容易作業的位置上。

在木材上鑽孔

在木頭上鑽孔時，要使用木工鑽頭，並注意將材料牢牢固定住。

鑽貫通的孔要用前導螺絲型的鑽頭，若只鑽到一半，就要用三角尖端型的鑽頭。此外，F型鑽頭雖然使用上和三角尖端型鑽頭一樣，不過這種類型的鑽頭鑽通後的孔洞出口不易出現毛邊。要配合鑽孔的目的來選擇鑽頭。

1. 鋪墊板

在要鑽孔的材料下面墊一塊不要的板子，那個板子稱為墊板或拋棄板，功用是讓孔的出口能鑽得漂亮，且避免傷到工作檯。墊板要用夾具之類的東西，和材料一起牢牢固定。

2. 讓鑽頭和材料垂直

在要鑽孔的位置上，讓鑽頭垂直於材料，按下開關。

3. 將電鑽往鑽孔的方向推

以單手按住推進，以避免機體在作業中晃動。

待電鑽貫通所使用的材料，且鑽入墊板厚度的一半時，再關掉開關。

4. 在電鑽即將停止旋轉前拔出鑽頭

5. 鑽好孔了

拿掉夾具，確認要鑽的孔是否貫通，以及背面的出口是否有毛邊。

在金屬或壓克力板上鑽孔

若使用電鑽，要在銅板、黃銅板、鋁板、鐵板等等身邊常見的金屬板，以及硬質塑膠上鑽孔就會比較容易。鑽頭要使用鐵工鑽頭。

銅板（右）與壓克力板（左）

在欲鑽孔的材料下面墊一塊厚的墊板，用夾具將材料與墊板兩者牢牢固定在工作檯上。要注意進行鑽孔作業時，鑽頭不要貫穿墊板，鑽進工作檯。

在金屬等堅硬材料上鑽孔時，材料有可能會被鑽頭帶動一起旋轉，非常的危險。用手壓住材料的話，當材料旋轉時會使手受傷，所以用夾具固定材料是相當重要的。

在金屬或硬質塑膠上鑽孔時，一定要考慮到毛邊的問題，所以削除毛邊就是必須要進行的作業。而削除毛邊時，經常會用的就是通常用於切削作業的倒角鑽頭。當然此鑽頭也能用來進行切削作業。

在銅板上鑽孔

1. 在欲鑽孔處做記號

用角尺（參照P65）和簽字筆畫上十字線，線的交叉點就是鑽孔點。

2. 用打洞器做記號

以打洞器（參照P66）的尖端抵著鑽孔點，輕敲打洞器的頭，在銅板上做出一個淺淺的凹痕。

3. 將鑽頭尖端抵在凹痕上，慢慢旋轉鑽頭

4. 在銅板上鑽好洞

鑽頭貫穿銅板，鑽入墊板之後，就拔出鑽頭，關掉開關。

5. 背面產生的毛邊

銅板背面的洞周圍會產生毛邊。

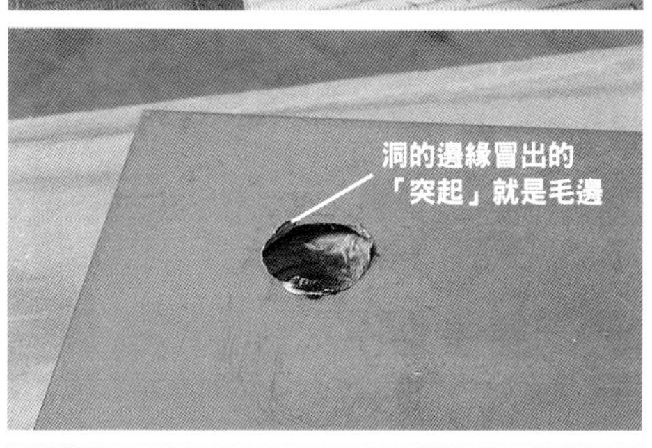

6. 用倒角鑽頭削除毛邊

換上倒角鑽頭，削除洞周圍的毛邊就大功告成。

倒角鑽頭

在壓克力板上鑽孔

1. 準備細鑽頭代替定位錐

因為要用手鑽孔，若有六角軸鑽頭，就能在不打滑的情況下進行作業。

2. 用鑽頭在鑽孔點上鑽出一個淺淺的孔

手拿著細鑽頭，在用角尺畫的度量線交叉處鑽出一個淺淺的孔。

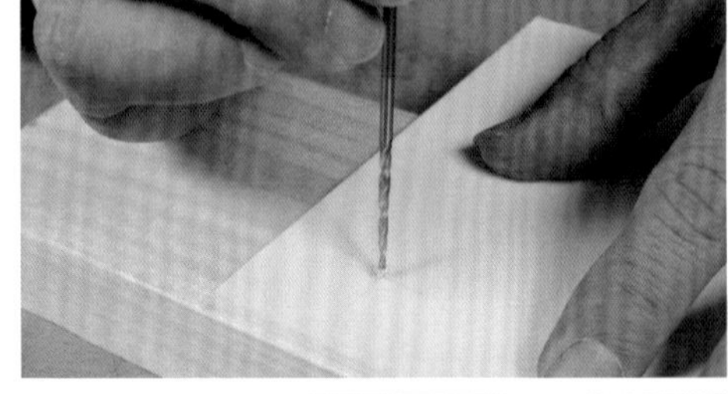

3. 慢慢旋轉鑽頭

將鑽頭抵著交叉處的小孔，慢慢旋轉鑽頭。壓克力板特別容易裂，因此旋轉速度要慢。

4. 壓克力板也會出現毛邊

鑽完孔之後，壓克力板背面會出現毛邊。

5. 用倒角鑽頭削除毛邊

換上倒角鑽頭，削除洞周圍的毛邊就大功告成。

在正確的位置鑽孔

為了做出符合心中預期的作品，必須要按照設計圖在材料上做記號，畫出正確的線條定出鑽孔點，再穩固地從鑽孔點鑽孔。

在正確的位置上畫記號

畫記號的工具

要在材料上畫出正確的線，就必須用到尺類，所以要先準備好畫記號的工具。

從材料邊緣畫出垂直線的角尺（直角尺）

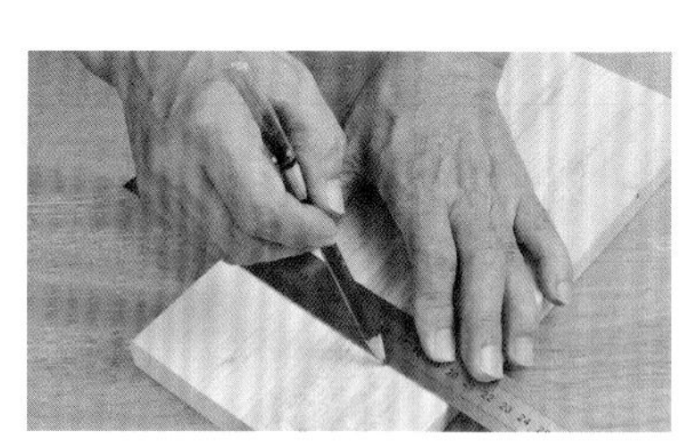

拉直線，量長短的直尺

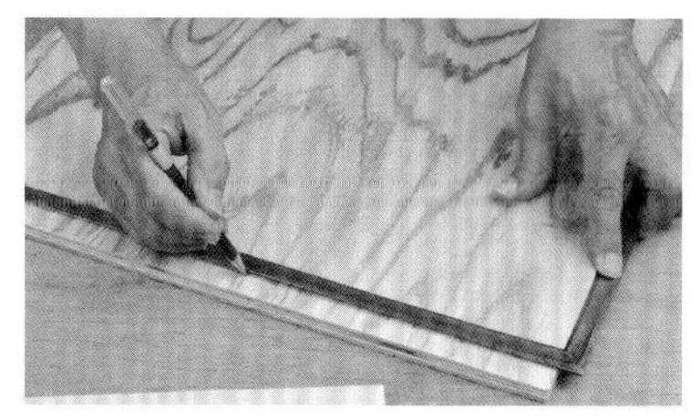

曲尺（譯註：木工用來求直角的尺，亦稱矩尺）

畫記號的訣竅

在材料上畫記號時，在木材上要用鉛筆，在金屬上要用簽字筆，然後還要準備可以畫直線的直尺，以及測量直角的角尺或曲尺。

在木材上用鉛筆畫的記號不要太用力，要到2B之類的軟芯鉛筆不會留下凹痕，且能用橡皮擦擦掉的程度。

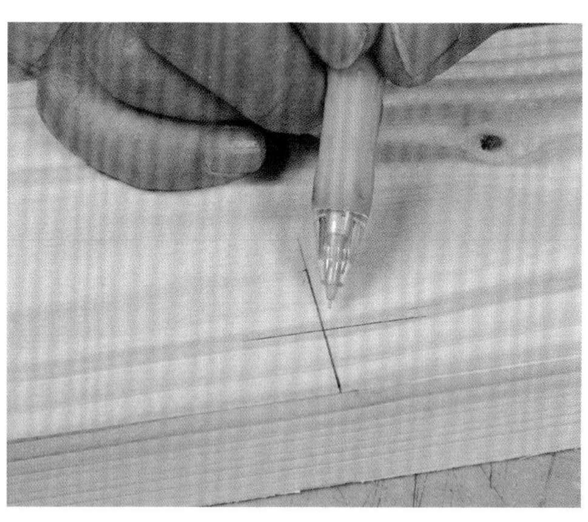

鉛筆線的交叉點就是鑽孔點

用中心沖與定位錐做記號

把木材的鑽孔處標記起來

有時木材上的鑽孔點會偏移，偏移的原因可能如下。

①鑽頭尖端抵住木材時就偏移了。

②鑽頭尖端稍微滑了一下。

③年輪的堅硬部分讓鑽頭滑開了。

為了防止這些偏移原因，就要用中心沖或定位錐做記號。使用中心沖可以在材料上做出一個小凹點，鑽頭尖端放進那個凹痕，可以防止滑動。

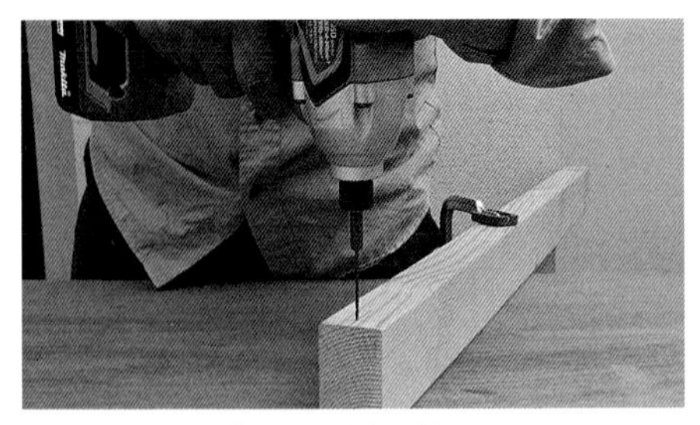

在鑽孔點上，用底孔鑽頭鑽出凹槽

示範將木釘孔鑽頭放在鑽孔點上，鑽出木釘孔

●中心沖

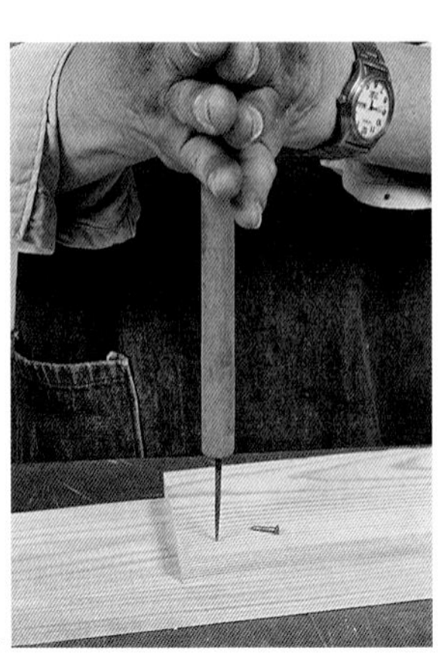

用錐子鑽孔

在金屬或壓克力板上做記號

若用中心沖用力刺塑膠板，可能會讓材料裂開，這種情況就要用手指轉動定位錐，鑽出一個小凹痕做記號。有了這種小小的底孔，電鑽鑽頭就不會從鑽孔點上滑開，可以在預定的位置上鑽出正確的洞。

在金屬板上鑽孔時，電鑽鑽頭也容易打滑，若不先用中心沖做記號，會很難在預定位置上鑽孔。

如何鑽出漂亮的孔

只是加上一點工夫，就能鑽出漂亮的孔，完成更好的作品。建議來挑戰一下，不要怕麻煩。

用倒角鑽頭修掉毛邊

大部分木工鑽頭鑽出的貫通孔，在鑽頭出口的邊緣常會產生毛邊。

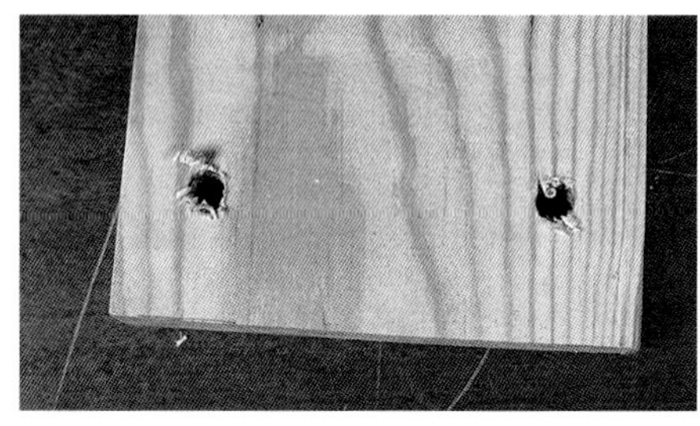

如果產生毛邊，就像照片一樣使用倒角鑽頭來幫洞的邊緣修邊，做出漂亮的孔洞。

使用墊板防止毛邊

在材料下面鋪墊板，
並以夾具牢牢固定

要防止毛邊，可以在材料下面鋪墊板再進行鑽孔作業。此時重要的是，將材料和墊板密合，不要有空隙，可以用夾具牢牢固定，或施加體重來進行作業。

若電鑽鑽頭貫通材料後，就停住鑽頭的話，就會鑽出背面也很漂亮的孔洞。

POINT

…在薄板或軟性板材上鑽孔…

祕訣是選擇恰當的鑽頭，並適度配合轉速與推進的力量

前導螺絲型的木工鑽頭可以旋轉同時鑽孔，但若用在薄板上在短時間就會鑽完孔，所以無法做得很漂亮。

適合薄板的鑽頭是三角尖端型，轉速慢也比較能夠鑽得漂亮。若是三角尖端型，削刃會以鑽頭的圓周切入，因此入口會削得很整齊，出口也會因墊板發揮重要的功用而鑽得相當漂亮。

軟性木工材料也是一樣，鑽頭的轉速一快，削口就會粗糙，無法鑽出漂亮的洞。

由於適度配合轉速與推進鑽頭的力量，和成果有很大的關係，所以電鑽起子機也要選用可以精準調節轉速的機型。

Part 4 鎖螺絲的基礎

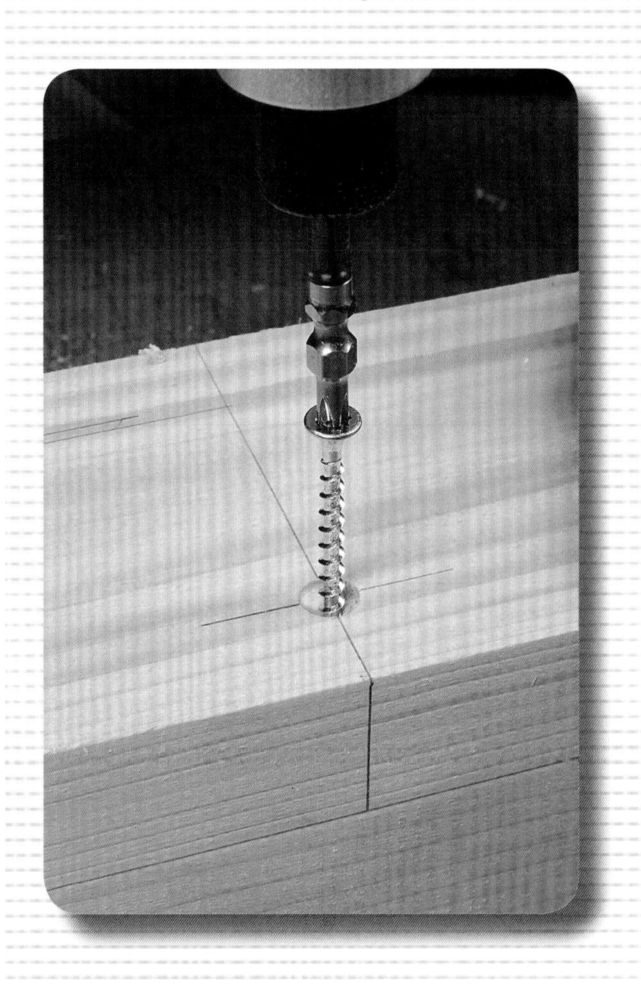

用電動起子輕鬆固定

製作木工作品時，要視實際狀況選擇只用接著劑固定，或是用螺絲固定。

　　最近因為電動起子變得很容易使用，能用的螺絲種類也增加了，可以應付許多狀況，選用螺絲或螺栓與螺帽做為固定方法的情況也變多了。特別是組裝家具的普及，只要使用電動起子，即使是女性也能輕鬆組裝。

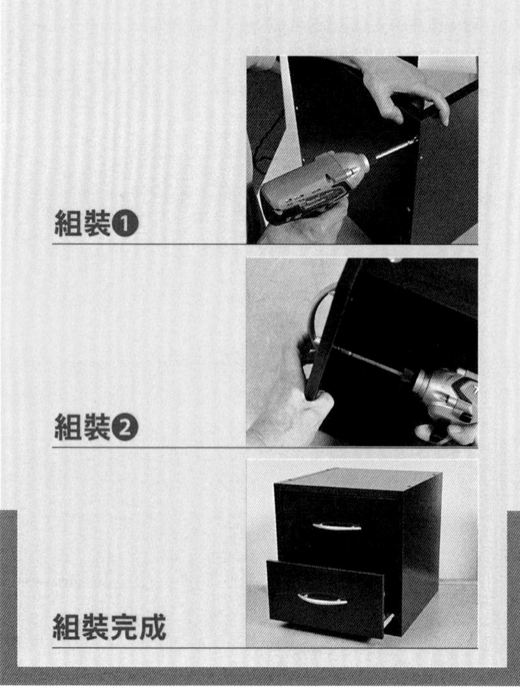

組裝❶

組裝❷

組裝完成

適合鎖螺絲的機種與起子頭

幾乎所有用在DIY與製作手工藝品的螺絲的頭，都是十字溝槽，因此鎖螺絲的起子頭尖端也一樣是十字頭。最常用在鎖螺絲的是鎖十字螺絲的起子頭，它在組裝家具、組裝2×尺寸的木材、做手工藝、固定金屬螺絲的作業上，都是不可或缺的起子頭。

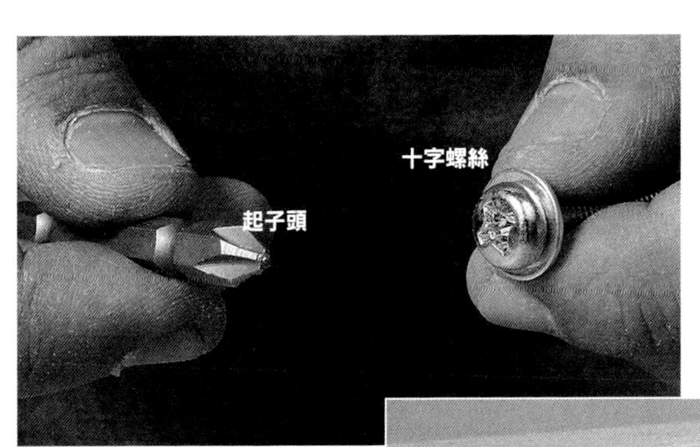

將十字起子頭插進十字螺絲的溝槽裡轉動

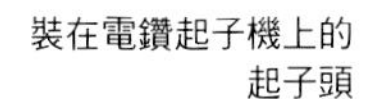

裝在電鑽起子機上的起子頭

裝在衝擊起子上的起子頭

起子頭的種類與選擇

六角軸的起子頭

起子頭的軸是6.35mm的六角形，有讓鑽夾固定的凹槽，長度也有許多種類，可依照用途來選擇。要穩定地鎖緊螺絲，以及在狹窄場所的作業，適合短的起子頭。除此之外，若在工具箱裡也準備好全長約10cm的起子頭會很方便。

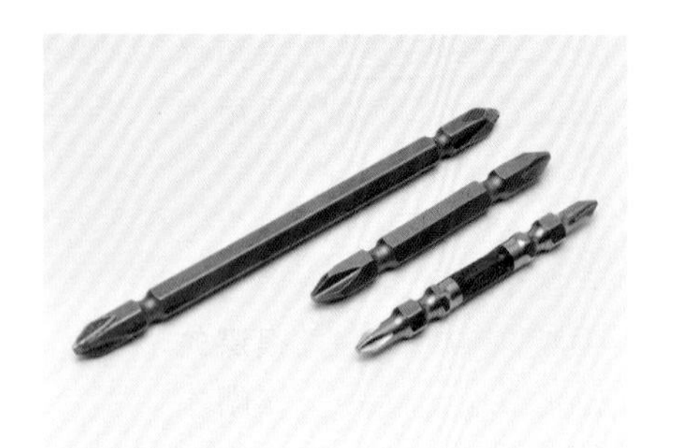

要依作業內容選擇
長度各異的起子頭

選擇起子頭

粗牙螺絲或埋頭螺絲的頭有十字形的溝槽，將起子頭插進溝槽，轉動螺絲。溝槽亦稱為切槽，其大小與深度會因螺絲的粗細而有所不同，若和起子頭的尖端不合，十字形會磨損。

起子頭尖端的大小，以如右表的記號標示。通常會標示在包裝上，No.2幾乎適用於所有螺絲。

對於細長螺絲這種細的東西，以及稱為迷你螺絲的細螺絲要準備No.1，然而幾乎不會用到No.3。

將起子頭的尖端抵著螺絲的溝槽，用手指轉動，就會知道哪一種適合，所以要實際試試看。

●起子頭尖端的大小與螺絲溝槽的適用表

記　號	適用於木螺絲溝槽的粗細 mm
No. 1	2.1～2.7
No. 2	3.1～4.8
No. 3	5.1～6.8

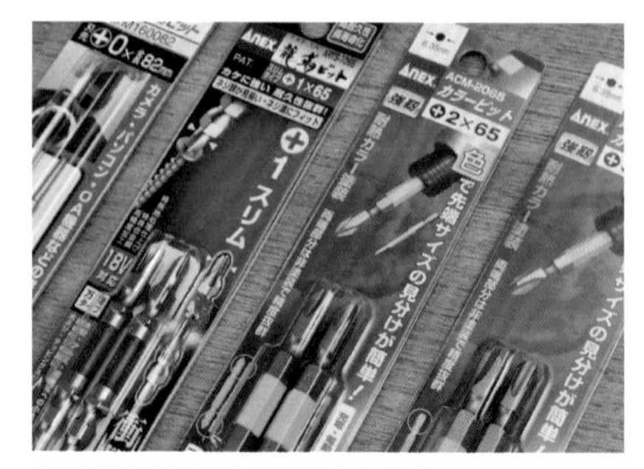

起子頭尖端的尺寸會標示在包裝上

螺栓要用套筒扳手

用套筒扳手轉動螺栓

要鎖緊或鬆開六角螺栓與螺帽的時候，要使用電鑽用的套筒扳手（套筒）。

套筒扳手外形像個盒子，和扳手或活動扳手不同，在手難以進入的狹窄場所，或是很深的地方也能旋轉螺栓。要使用螺帽才能固定螺栓。

組裝鐵架家具，以及拆解或移動部分組件，若搭配電鑽起子機與套筒扳手，就能快速進行作業。

適合六角螺栓頭尺寸的套筒扳手

六角螺栓要使用套筒扳手（左）

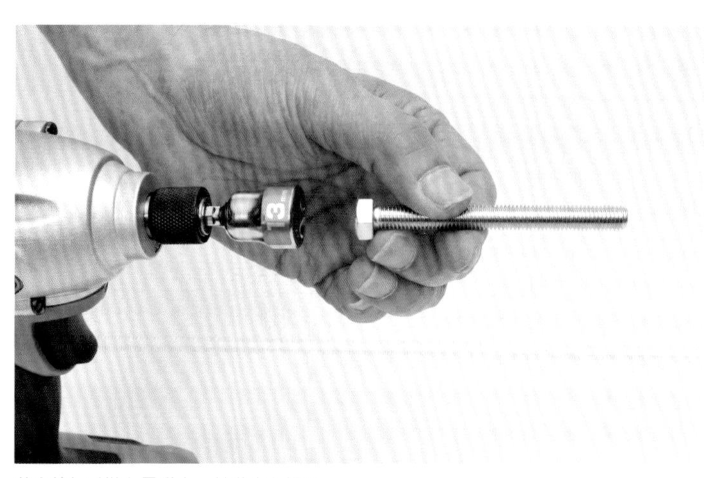

將套筒扳手裝在電鑽上，轉動六角螺栓

適合鎖螺絲的構造與夾頭

適合鎖螺絲的機種

鎖螺絲可以用電鑽起子機或衝擊起子，但不能用電鑽。尤其是具有可以控制轉速的離合器機能的電鑽起子機，很適合精細的鎖螺絲作業。

由於鎖螺絲的作業，在某些時候同時也必須鬆開螺絲，因此必須要有能夠切換旋轉方向的開關，切換正轉與逆轉以便鎖緊螺絲或鬆開螺絲。

此外，離合器（參照第2章P47、第5章P97）是鎖螺絲時很方便的構造，電鑽起子機就有這種構造。控制轉速的離合器構造，可以將轉速從零調整到該機種的最高轉速，能夠進行精細的鎖螺絲作業。重要的是要能順暢地配合開關連動。

另一方面，沒有離合器機能的衝擊起子，適合用在鎖很多長螺絲的作業上。

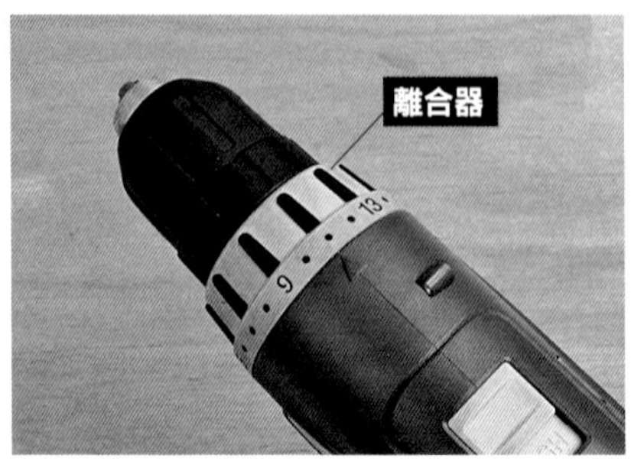

電鑽起子機的離合器（黃色的環）

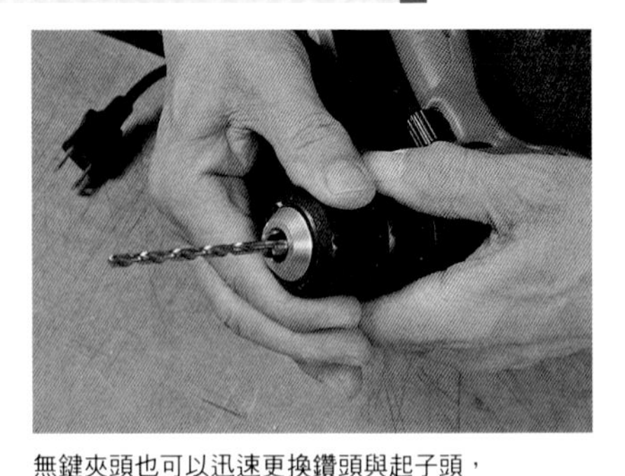
無鍵夾頭也可以迅速更換鑽頭與起子頭，相當方便

不要拘泥於夾頭的種類

起子頭的軸幾乎都是六角軸，旋轉六角螺栓的套筒的軸也是六角形，可以插入任何類型的夾頭使用。

除此之外，市面上有販售附有六角軸夾頭的尖端工具，而且還備有鑽夾頭和無鍵夾頭，可以搭配手邊有的電鑽起子機來使用。

在搭配使用上相當方便的用法，是在附鑽夾頭的電鑽起子機前面加裝無鍵夾頭，這種用法的優點，是可以利用無鍵夾頭迅速更換起子頭。

電鑽主要使用的螺絲

固定材料的時候會用到各種螺絲，可大略分為：在材料上鑽底孔，直接以螺絲固定的情況；以及在材料上鑽出貫通孔，以螺絲和螺帽固定的情況。

直接以螺絲固定時，具代表性的螺絲有木螺絲與粗牙螺絲；使用在貫通孔的有螺栓與螺帽。

木螺絲

如同名稱所示，木螺絲就是用來固定木材的螺絲。螺絲尖端很尖，軸的一部分切割成螺絲，不需陰螺紋就能直接固定材料。木螺絲的頭，通常會刨成十字。

因為木螺絲比釘子更能牢牢固定木材，所以會用在製作箱型作品，或是必須支撐一定重量的情況下。

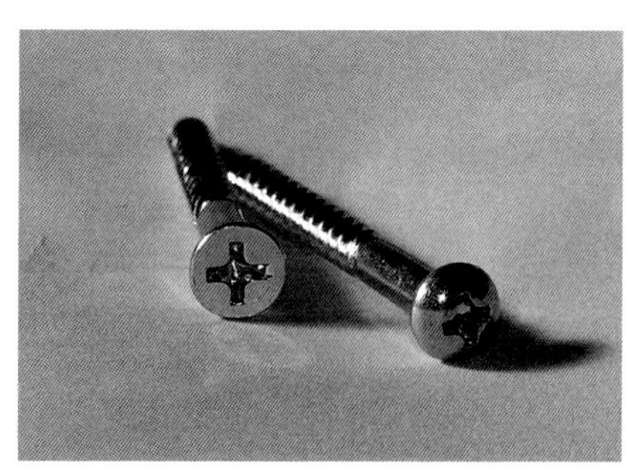

木螺絲頭的形狀（左・平頭、右・圓頭）
平頭螺絲是以將頭埋進木材的形式使用。
圓頭螺絲用在薄材料上時，會使用墊圈以牢牢固定。

粗牙螺絲

緊固力強的粗牙螺絲，使用於厚木材或多用於屋外的2×尺寸的木材上。另外，最近有很多以往使用木螺絲的地方，也開始使用粗牙螺絲了。

尤其是要將合葉或薄的金屬板材固定在木材上的時候，由於細長螺絲和迷你螺絲擁有芯很細、螺牙很粗、螺紋高度很高這些粗牙螺絲的特徵，在使用上很普及，而且因為加工性能很好，所以通常用在電鑽上。

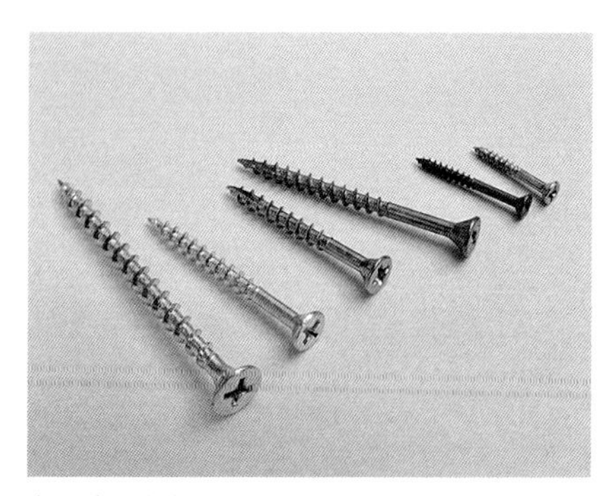

左・粗牙螺絲
中央・細長螺絲
右・迷你螺絲

粗牙螺絲有整個軸部都攻螺紋的全牙型，以及大約只有前半部攻螺紋的半牙型。攻螺紋就是螺絲加工。

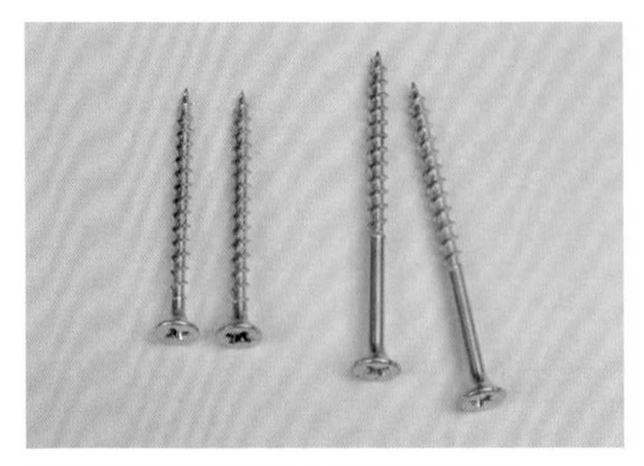

全牙型（左）與半牙型（右）的粗牙螺絲

使用頭部有十字溝槽的螺絲

直接用螺絲固定材料時，要用螺絲頭有十字溝槽的木螺絲或粗牙螺絲。家用五金量販店裡，不管是長度或粗度種類皆一應俱全，可以選擇適切的類型使用。

十字螺絲可以用手動的十字螺絲起子，或在電鑽上裝十字起子頭來轉動。

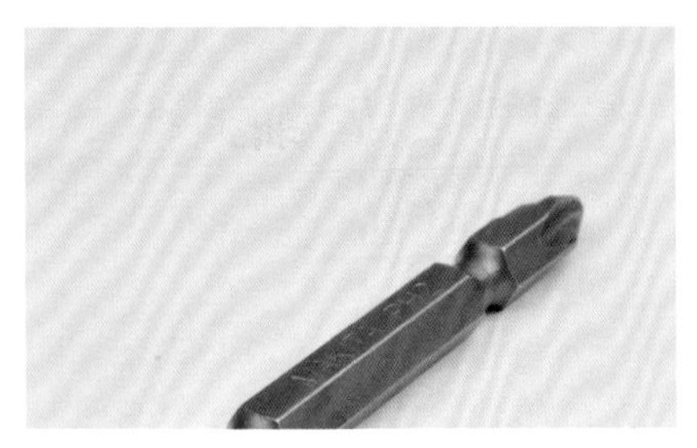

十字螺絲（右）與起子頭（左）

六角螺栓・螺帽

一般使用的螺絲也有六角頭的，用在固定厚木材，以及安裝或固定金屬配件。

在木材上鑽出貫通孔，將六角螺栓穿過洞，以螺帽的陰螺紋鎖住固定。這個六角螺栓的使用範圍很廣，除了木材之外，也常用在固定金屬。

螺栓要用扳手來轉，或是在電鑽上安裝套筒扳手。這個螺栓與螺帽的組合，適合需負重的結構。

左・附六角孔的螺栓　右・六角螺栓

鎖螺絲的 POINT

讓起子頭的軸與螺絲軸的方向一致 防止空轉

用十字起子頭鎖螺絲的時候，起子頭的尖端有時會偏離螺絲頭的溝槽造成空轉。

若起子頭一邊磨擦溝槽一邊發出聲音轉動，就會變得無法鎖緊螺絲，還會逐漸削掉螺絲頭的溝槽，最後導致螺絲變得無法鎖緊也無法鬆開。

要防止這種狀況發生，起子頭的中心軸要與螺絲的中心軸一致，如此一來起子頭的尖端也不會偏離螺絲的溝槽。這很重要，必須累積經驗養成習慣。

若起子頭打滑，磨損螺絲頭的溝槽，聲音就會改變，此時要立刻停止旋轉，然後以逆旋轉取出螺絲，但是若旋轉時不謹慎一點，又會磨損溝槽。

若螺絲頭的溝槽磨損成這樣
就無法再轉動螺絲

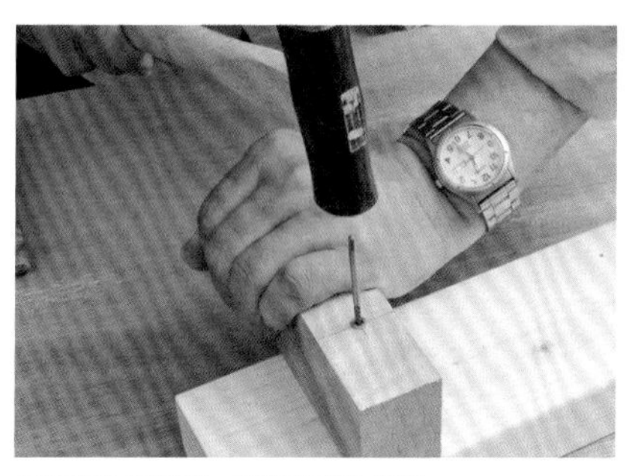

無法拔除螺絲時，要將退螺絲鑽頭
用鐵鎚打進螺絲頭裡

無法拔除螺絲時的救援方法

就算逆旋轉也無法拔除螺絲時的救援方法，是將退螺絲鑽頭打進螺絲頭裡，裝上鑽夾頭，讓鑽頭逆旋轉，就能將磨損的螺絲轉出拔除。

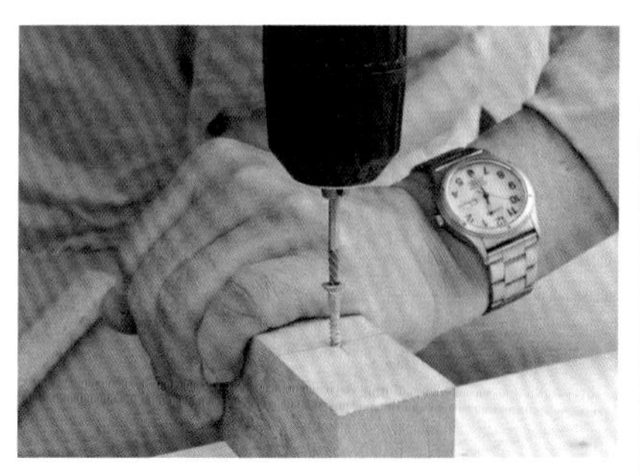

將退螺絲鑽頭的軸裝在鑽夾頭上，
讓鑽頭逆旋轉，就能轉出磨損的螺絲

用螺絲固定厚材料

將2片厚板材合在一起，用螺絲牢牢固定，這種情況經常出現，但是有時2個材料沒有完全密合，螺絲就鎖進去了。解決的方法，就是使用半牙型的粗牙螺絲。另外，在使用全牙型螺絲時，要先鑽出底孔再鎖入螺絲。

防止 2 個材料出現空隙的螺絲固定法

像下圖一樣，將2個材料用如粗牙螺絲之類螺牙很粗的螺絲固定時，若使用全牙螺絲，2個材料之間有的時候會出現空隙。因此，要讓材料在密合的情況下用螺絲固定，可以用下面的方法。

使用全牙螺絲時要運用底孔

使用全牙螺絲時，鑽在上方材料的底孔要稍微大一點。如此一來，螺牙轉進上方材料時會比較鬆，變成幾乎沒有螺絲效果的狀態，就可以把下方材料牽引過來，讓兩者之間變得沒有空隙。

然後，為了不讓材料浮起，而用夾具緊緊固定再鎖螺絲的話，對全牙型的粗牙螺絲來說也是有效的方法。

活用半牙螺絲

此外，若使用半牙型的粗牙螺絲，就可以防止上方的材料浮起。使用半牙螺絲，一邊牢牢壓住2個材料一邊用螺絲固定，這樣螺絲沒有攻螺紋的部分會在上方材料裡面空轉，並將下方材料拉過去，就不用擔心會產生空隙了。

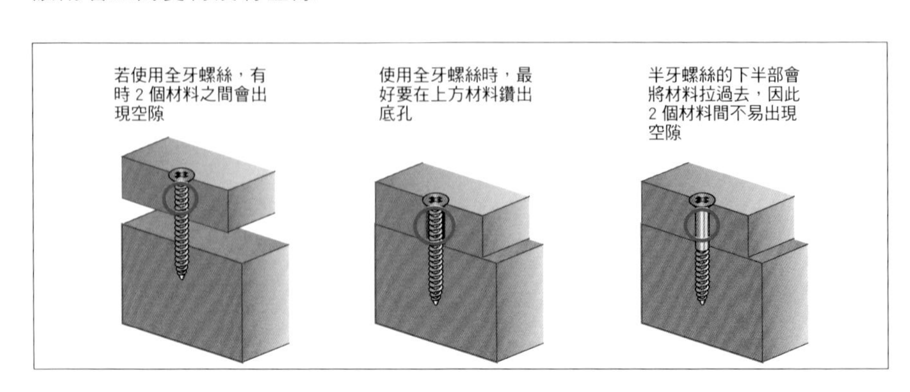

鑽底孔固定螺絲的方法

如果手邊只有全牙螺絲，而且也無法用夾具固定的情況下，就要鑽底孔以防止2個材料出現空隙。

底孔鑽頭要準備既粗且短的，把2個材料合在一起之後就鑽孔。如此一來，因為上方材料開了粗底孔，下方材料則有淺淺的孔，再使用粗牙螺絲之類的，就能有效固定螺絲。照片中的範例使用的是牆板用的。

鐵工用的細鑽頭也可以當做定位錐使用，此時要注意不要鑽得太深，並注意電鑽機體的使用方法，避免折斷鑽頭。

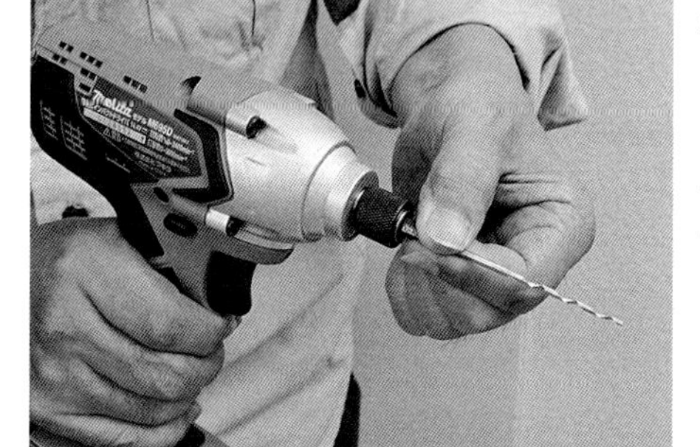

底孔鑽頭也要配合孔洞的深度與大小來準備

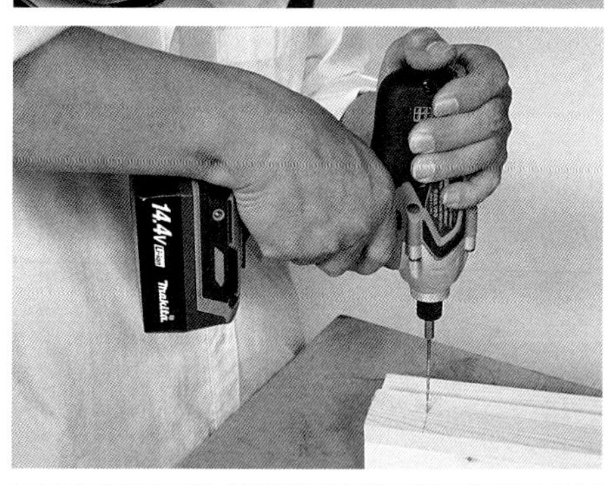

將2個材料重疊，鑽出底孔

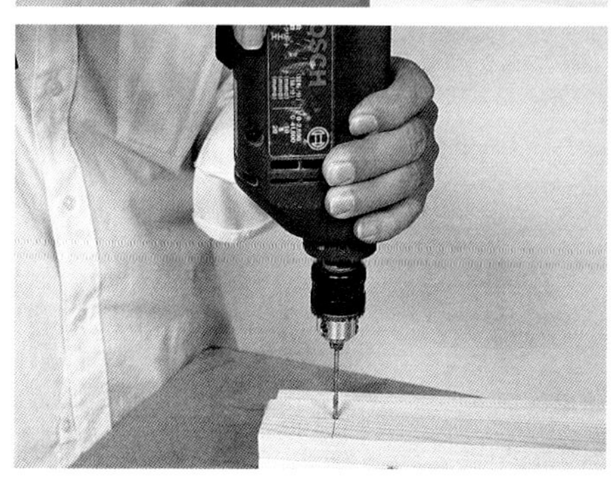

鐵工用的細鑽頭也可以當作鑽底孔的錐子使用

鑽底孔與更有效固定螺絲的工夫

若是衝擊起子，只要按一下就能換鑽頭，相當方便，但靠1臺機器重複進行鑽底孔與固定螺絲很花時間。

在這種時候就可以稍微思考一下，如何多少節省一點固定螺絲的時間。無法用夾具固定時，就要用手壓住材料，首先盡快鎖上1個地方的螺絲。由於壓住材料的力量，和電鑽前進的方向相同，所以這項作業有些困難。

鎖上這1個地方的螺絲時，用鑽頭鑽出底孔，再用起子頭鎖螺絲較好。

固定了1個地方之後，接下來就要在材料不偏移的情況下，將螺絲逐一固定上去，不過最初的螺絲要固定在什麼地方，這會因許多條件而有所不同，所以要試試看。

雖然要將螺絲逐一固定上去，但在那之前，要先鑽出必要數量的底孔，再固定螺絲，這樣就可以從每次都要更換鑽頭和起子頭中解脫了。

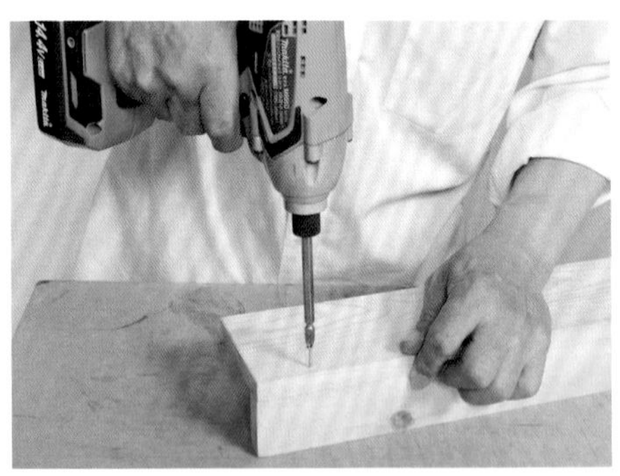

先鑽出幾個底孔，
鎖上最初的螺絲

使用底孔，依次鎖上螺絲

用長螺絲接合時也要使用底孔

活用底孔以避開問題

要用螺絲固定像2×尺寸的木材這種厚材料的時候，為了節省工夫，常常理所當然會使用長螺絲。可是，有時也會發生一些問題，像是無法順利將螺絲鎖進要鎖的地方，或是沒有朝預期的方向前進、材料出現裂紋等等。在這種時候，就要活用底孔來使螺絲順暢旋轉。

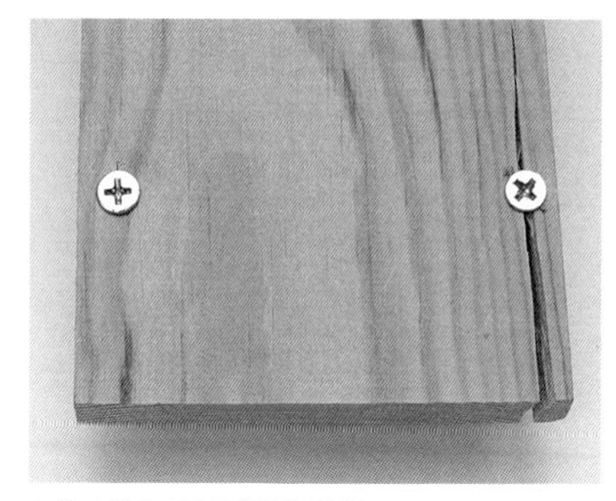

左邊是鑽出底孔再鎖螺絲的例子
右邊是沒有鑽底孔，材料裂開的例子

方便的底孔專用鑽頭

底孔鑽頭的外形類似於鐵工鑽頭，錐形的尖端都有個很細的東西，兩者的使用方式相同。錐形鑽頭的尖端會變細，因此細螺絲也可以用，又有數種粗細，可以配合常用的螺絲來準備。

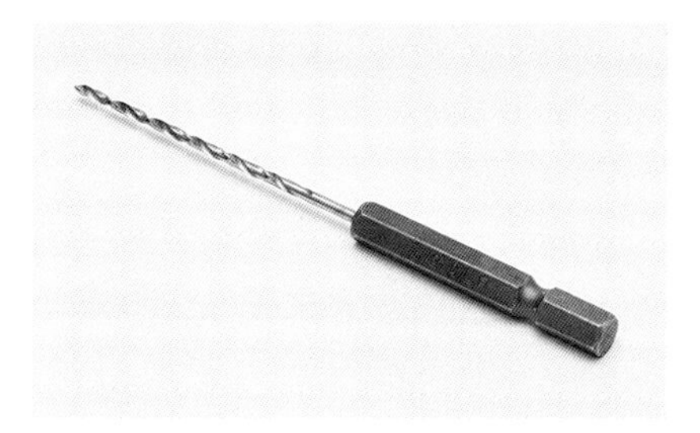

底孔專用鑽頭

在厚材料上鑽底孔，要用長的鑽頭。這時若鑽出很深的底孔，使得螺絲能夠到達另一個材料，螺絲鎖進去時就不會彎曲。

鑽出底孔，螺絲就能筆直進入，也能防止螺絲進入之後彎曲，因此鑽底孔是個有效的方法。

深深鑽出可讓螺絲到達
另一個材料的底孔來固定螺絲

各種鎖螺絲的作業

除了接合木材，固定鋁或鐵等等金屬類時也會使用螺絲或螺栓與螺帽。要固定的地方很多的時候，使用電鑽可以快速進行作業，相當方便。

用螺栓與螺帽組裝有孔角鋼

能做出尺寸隨心所欲、可用來放書或裝飾觀葉植物的架子的材料之一，就是「有孔角鋼」。

設計架子時，要以欲使用的尺寸來思考，從市面上數種長度的有孔角鋼之中，選出必要的尺寸。決定了外側的形狀、尺寸以及架子的板子片數，也就決定了必須用螺絲固定的地方，便能夠計算螺栓與螺帽的數量。也要準備防止組裝後變形的角落金屬配件，至少要將四個角落夾住固定，整個架子才會穩定。

接下來，要準備適用於用來組裝的螺栓種類的起子頭。使用六角螺栓的場合，要準備旋轉螺栓的套筒扳手，螺栓、螺帽與套筒扳手的尺寸必須要相符。

此外，使用附十字溝槽的盤頭螺栓的場合，要準備十字起子頭。然後，因為會用到制止螺帽空轉的扳手，所以螺栓和扳手的尺寸也要吻合。

所使用的機器，若是附有離合器機能的衝擊起子會很方便，可以透過調整鎖緊的力道，來防止鎖過頭。

有孔角鋼（上）與
螺帽、平墊圈、六角螺栓（左起）

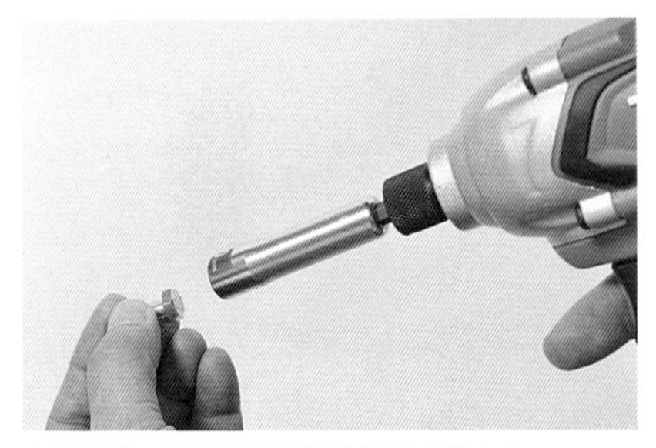

六角螺栓、螺帽與套筒扳手的尺寸要吻合

從暫時裝配開始

從架子的箱形外側開始組裝會比較容易，實際組裝時，縱向的柱子、正面與背面的橫槓、縱深的零件的交會點上，都要用螺栓和螺帽鎖緊。

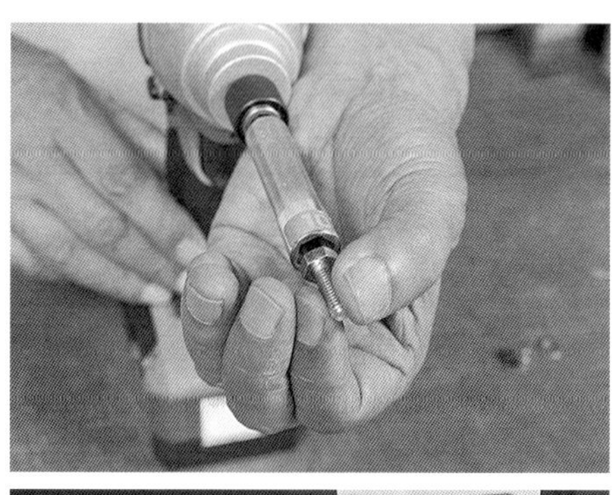

在衝擊起子上面安裝套筒扳手，旋轉六角螺栓

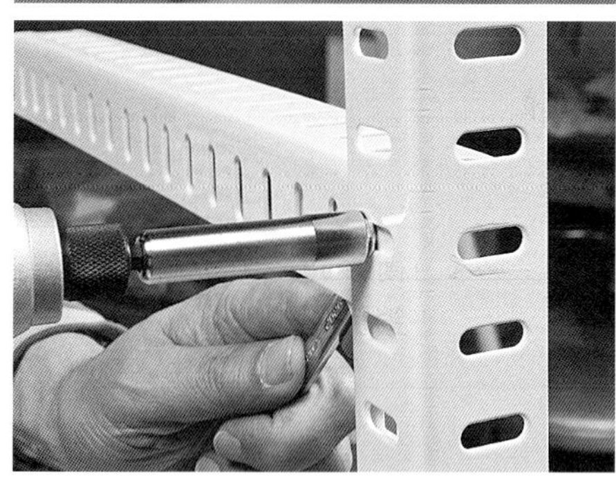

將螺栓插入零件的交會點上，用螺帽鎖緊

插入時要把螺栓的頭朝外，從另一邊鎖上螺帽。

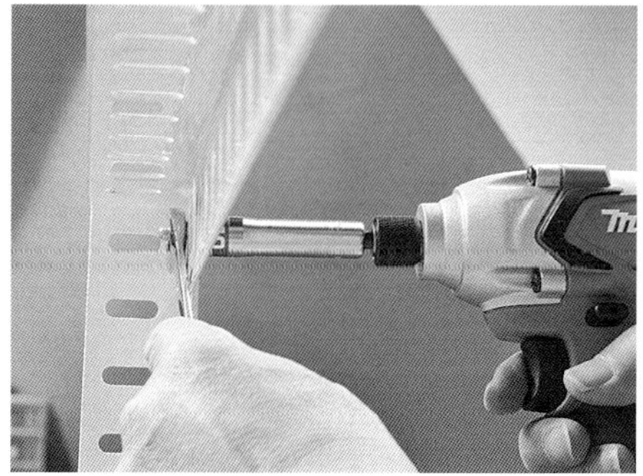

用扳手固定角鋼內側的螺帽

一邊用扳手固定住螺栓與螺帽，一邊鎖緊。

鎖螺帽時，先暫時鎖得稍微鬆一點，待組裝好箱形的外形，再緊緊鎖好。以相同的順序，依次鎖好每個地方。

在中空的牆上使用板錨

在中空的牆上安裝零件

想在螺絲與釘子無法發揮功用的石膏板或中空的牆壁上裝飾畫作或相框之類的物品時，有個方法是安裝板錨。依照牆壁的材質以及要固定的器具，挑選板錨的類型與尺寸，並安裝上去。

鑽底孔時，要用電鑽起子機或衝擊起子，板錨的包裝上會標示底孔使用的鑽頭直徑，要確認之後再準備。

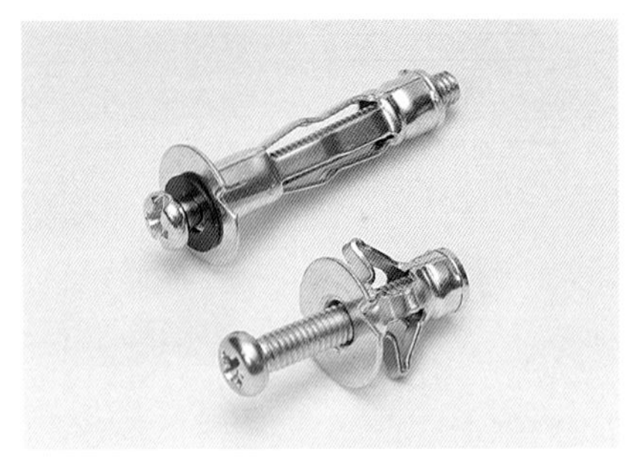

（上）板錨　（下）鎖上錨栓並張開腳的狀態

1. 用電動起子在牆上鑽底孔

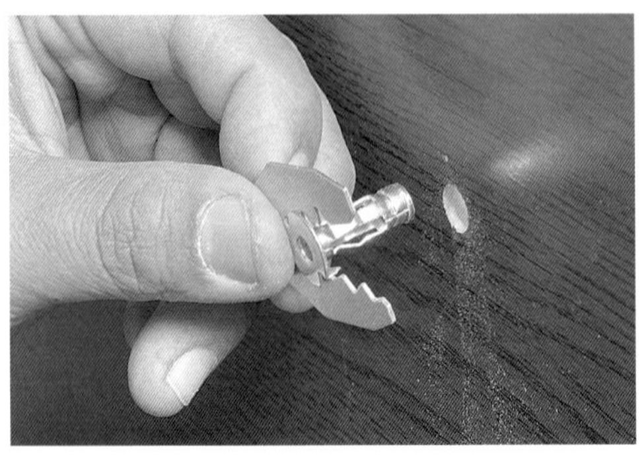

2. 用扳手夾住板錨，插入底孔

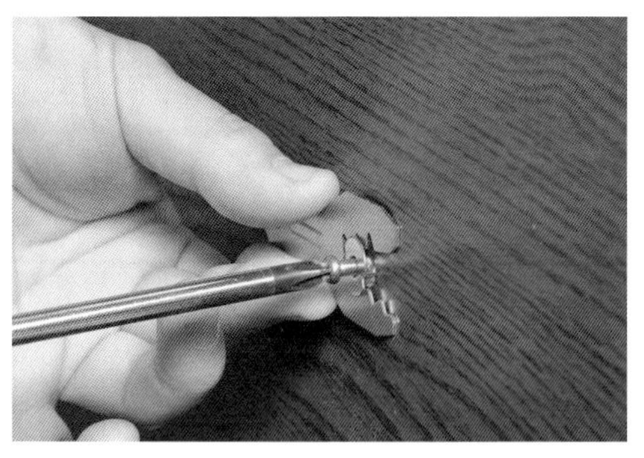

3. 用螺絲起子鎖緊錨栓

鎖的時候要用附的薄金屬扳手固定錨栓，以避免錨栓空轉。

4. 在牆板另一邊，張開板錨的腳以固定錨栓本體

錨栓不會轉動之後，在牆板另一邊張開錨栓的腳，抵住牆壁固定。

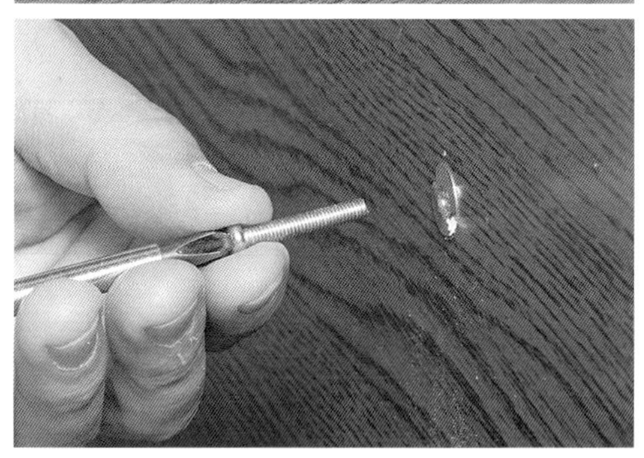

5. 將錨栓逆旋轉鬆開，取出功成身退的錨栓

6. 鎖上L形配件就大功告成

用手鎖上和取下的錨栓規格相同、有螺紋加工的L形配件。

活用墊圈固定螺栓

防止材料損傷

用螺栓與螺帽固定材料時，為了不傷到材料，有個方法是用墊圈（墊片），夾在材料與螺栓頭之間，或材料與螺帽之間使用。

通常墊圈指的是平墊圈，材質一般來說是鐵或不鏽鋼，不過也有以提高氣密性為目的，使用塑膠、橡膠或矽膠等等材質的墊圈。

使用的墊圈要比螺栓頭的面部直徑稍大，如此可以分散下壓的力量。使用墊圈，螺栓或螺帽的力量就不會集中，會分散至大面積，所以能夠帶來不易使固定材料損傷的效果。

即使螺栓鎖過頭也可以放心

用螺栓固定木材時，若使用墊圈，就算衝擊起子稍微將螺栓鎖得過緊，也不會產生損傷，可說是能在作業時帶來安心感的零件。

防止螺栓鬆動的效果

加上墊圈，可以防止螺帽或螺栓陷進材料的孔洞或溝槽部分。除此之外，在孔洞的直徑比螺栓頭的直徑更大的情況下，也有一種臨時的利用方法，是加入墊圈使螺栓不會脫落。

像這樣，因為是透過使用墊圈來分散固定的力量，以更大的面積壓住材料，所以也可以期待墊圈帶來防止鬆動的效果。

墊圈對於木材的安裝與卸除特別有效，藉由使用墊圈，鎖螺栓時的損傷也會變得非常小。

不鏽鋼製的平墊圈

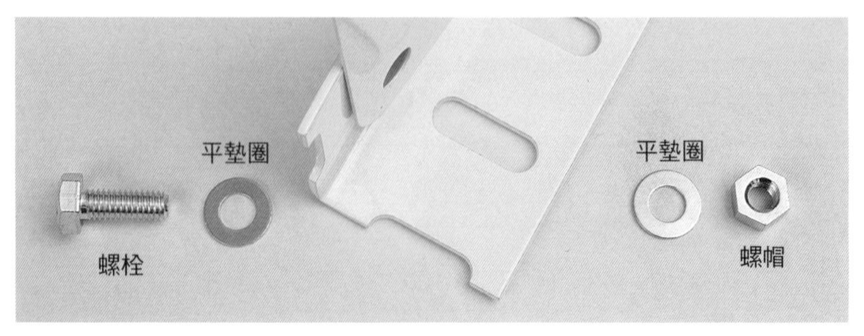

●墊圈的使用例／宛如從兩側夾住材料一般地使用平墊圈

用單盤簧墊圈防止逆轉

切斷墊圈環的一處，將邊緣稍微彎起，這稱為單盤簧墊圈。夾進一枚單盤簧墊圈，墊圈會陷入螺栓或螺帽裡，可以期待產生防止鬆動的效果。即使陷入螺栓或螺帽裡，若是金屬材質就只會受到些微損傷，卻能防止逆旋轉。

使用單盤簧墊圈的目的，不只是防止鬆動，鬆開時還會有防止脫落的效果。

若直接將單盤簧墊圈用在柔軟的組件上，會造成很大的損傷，也不適合用於頻繁反覆進行分解與組合的場所。

單盤簧墊圈並非絕對不會鬆脫，因此必須要考慮搭配其他方法以提升效果。

單盤簧墊圈（左）　平墊圈（右）

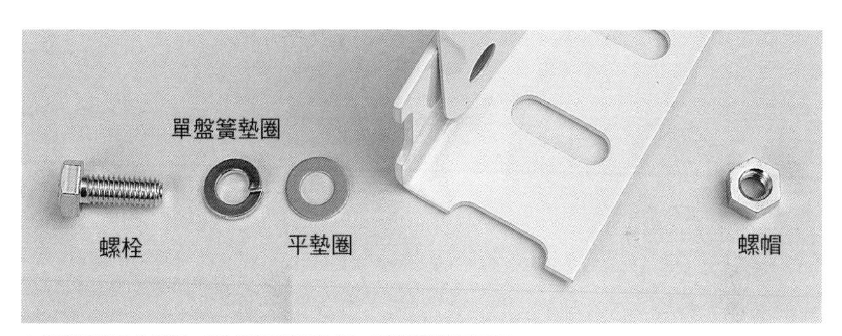

在用螺栓緊固的情況，要按照單盤簧墊圈、平墊圈的順序插入

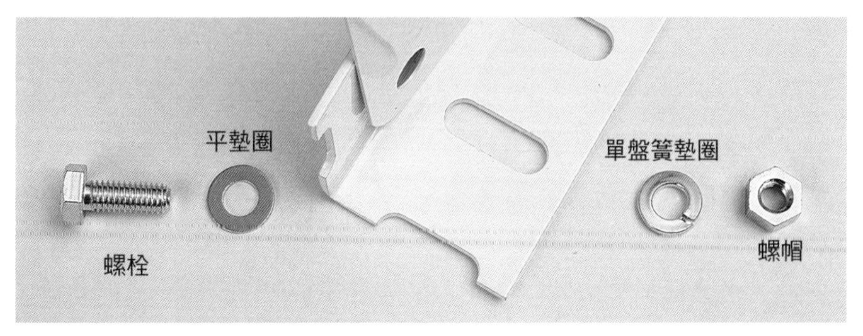

在用螺帽將固定好的螺栓鎖緊的情況，要按照平墊圈、單盤簧墊圈、螺帽的順序插入

人生第一把電鑽

像是用木頭製作有趣的作品或加工金屬板等等，電鑽在人們周遭持續活躍，電鑽變得更小，力量更加提升，有長足的進步。

人生第一把電動工具，是一邊想像著使用的狀況，一邊滿心喜悅地在工具行的收銀機前排隊，回家打開盒子的時候，期待的心情攀上最高峰，我想每個人都曾有過這樣的經驗。一旦拿在手上，就會因為電動工具令人著迷的力量、持續力與準確度而愛不釋手。

我們向伊藤洋平先生請教了許多電鑽的用法，也請教他買下第一把電鑽時的事。

伊藤先生2010年在東京都八王子市的（股）村內Furniture Access裡，設立了「八王子現代家具工藝學校」，並擔任指導教員。

在英國留學學習家具製作的伊藤先生

上面的照片，是伊藤先生所持有的電鑽類工具，他也會向家具工藝學校借用工具。

在英國學習製作家具的伊藤先生，大型機械和電動工具都是使用當地學校所準備的，所以本身沒有購買機器的必要。比起電動工具，日常用的西式刨刀好像更吸引他。

習慣了在英國的課程，也交了許多朋友之後，他得到舊工具市場的消息，一點一點購入日常工具與西式刨刀，伊藤先生說：

「老東西不論材質或外形都很優良，用起來也很順手，所以我稍微收集了一些。到現在，我仍是以西式刨刀當作主要工具。」

伊藤先生所買的第一把震鑽

伊藤先生所購買的第一把電動工具，是100V型的震鑽。由於他回國後準備設立自己的工作室，因此以鎖螺絲的力量強勁且輕巧做為挑選基準。

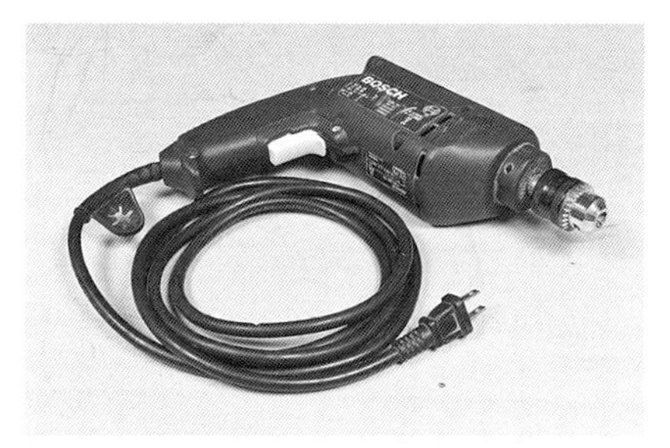

伊藤先生第一次購入的100V震鑽

要在面積大的板材正中央鑽孔時，不適合使用鑽床。鑽床無法鑽孔的情況很多，電鑽類的工具無法活用於這些場合，所以無論如何都需要更方便的東西。

家具工藝學校的工作室所使用的電動工具中，充電型的並不是特別必需，100V型因為機體輕巧，用起來似乎很順手，只要事先準備好電源線，在室內工作就能暢行無阻。

位在家具工藝學校2樓的手工加工工作室，還有頻繁使用日常工具或小型電動工具的「基礎入門課程」，也可以學習如何將電鑽與其他工具運用自如。在那裡也可以接觸到，在自己家中使用電鑽的注意事項，也會講解安全的使用方法以及如何利用電鑽的力量。

為了鑽出正確的孔而用雙手固定電鑽的伊藤先生

混合塗料或釉料時很方便

將電鑽當成攪拌機運用

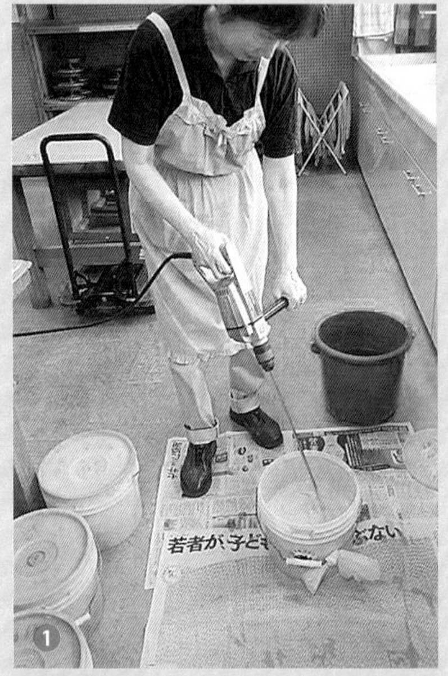

若在混合塗料以調出喜歡的顏色，以及溶解使用在陶藝上的釉藥時運用電鑽，就能在比手工作業短的時間內均勻攪拌。

用法是在電鑽上安裝攪拌器，攪拌器的前端附有攪拌葉片，因為構造簡單，操作也輕鬆。若利用附有無段變速結構的電鑽就可以調節攪拌的速度，減少塗料或釉藥的飛濺。

要依照材料的黏度選擇機種，若使用可調節轉速的機種，適用範圍也會變多。

裝在攪拌器前端的攪拌葉片也有不同種類，要選擇適當的類型。

❶將電鑽裝上攪拌器，
就是前端有攪拌葉片的攪拌機
❷以適度旋轉來攪拌，釉藥就不會飛濺

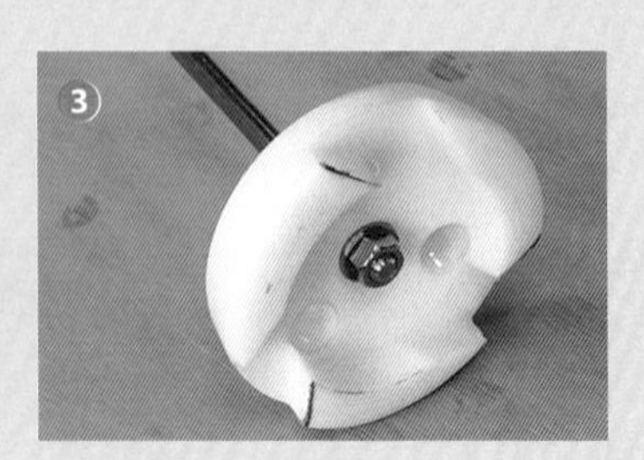

❸不易傷到容器的攪拌葉片類型

Part 5 熟習操作電鑽的技巧

稍微下一點工夫
就能提升技巧！

在電鑽上稍微加上一點工夫，就能夠發揮很大的能力。了解熟習操作的技巧，擴展使用電鑽進行作業的樂趣吧！

可以用專用鑽頭鑽出大洞

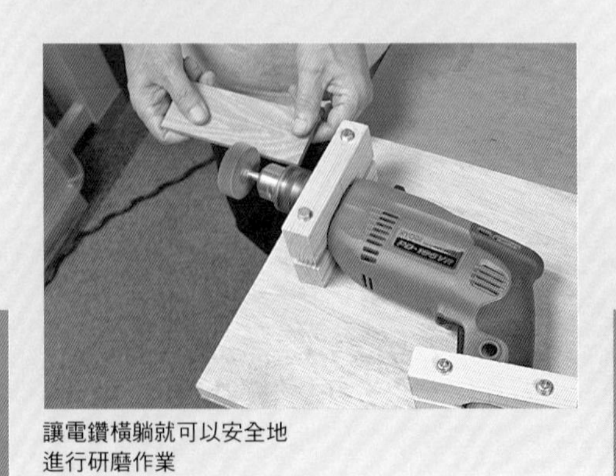

讓電鑽橫躺就可以安全地進行研磨作業

寫給中級者

要下工夫固定材料

常聽到「習慣之時就是危險之時」這句話，時常注意危險是很重要的，尤其是使用電動工具時固定材料的作業，像P38所寫的一樣，是基本中的基本。在材料的固定方法中，也有可以更安全更輕鬆，而且還能讓成果更好的技巧，試著運用看看吧。

運用墊板防止材料損傷

不管是木材加工或是金屬加工，都要使用夾具或台虎鉗將材料牢牢固定，這是作業的基本。

然而，夾具的金屬部分會碰到材料，若用力鎖緊固定，有時還會陷入材料中，因此要下工夫讓材料不受損，然後進行作業。

在夾具上使用墊板

用夾具固定材料時，將剩下的木板夾在夾具與材料之間，鎖緊後就不會傷到材料。其他作業所剩下的木板不要丟掉，可以拿來當作墊板使用。

固定金屬板的時候，也要用墊板防止損傷，用電鑽鑽孔時，還可以防止因鑽頭卡住導致金屬板旋轉。

使用墊板固定材料的方法，不只是能運用在使用電鑽時，用圓鋸或豎鋸加工時也很有用。

在夾具與材料之間夾入墊板
就不會傷到材料

用長墊板固定材料

在不同的作業中，夾具的頭有時也會變成阻礙。此外，也會有要將圓棒或球狀材料固定在工作檯上加工的時候，若直接以夾具固定，經常會發生不夠穩定的情況。

對付這些情況的方法，就是像下一頁的照片一樣，調整放置於工作檯上的厚木板高度，並用長墊板做成像橋的樣子，讓夾具間接固定材料。要固定不穩定的材料時，這是個很方便的方法；除此之外，也是能有效固定小型材料的方法。

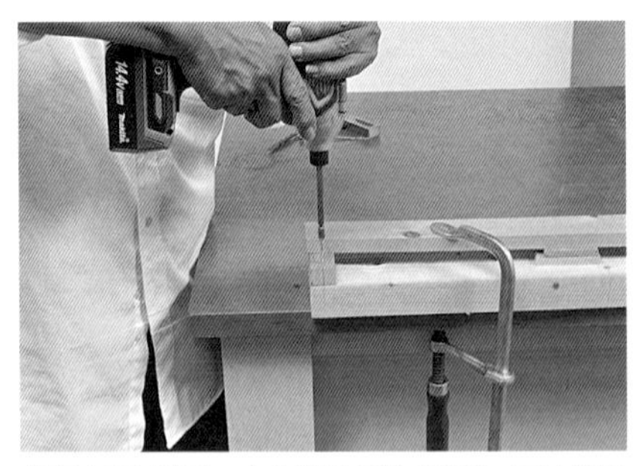

處理小型材料時，夾具的頭會變成阻礙，可以使用長墊板固定

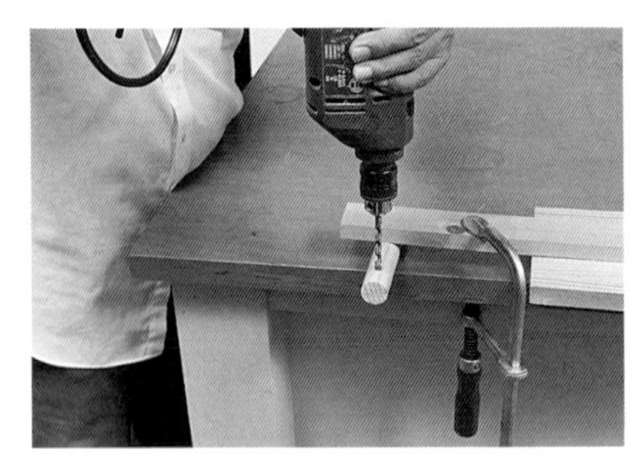

配合材料的高度放置厚木板，並在上面架一片長墊板來固定的話，即使在圓棒上鑽孔也可以很穩定

在固定圓棒的情況，也是在材料與木板之間架一片長墊板，以夾具夾住墊板中央部分與工作檯來固定。

將鐵工台虎鉗換成木工用

即使是金屬加工所使用的台虎鉗（萬力），將金屬鉗口換成木頭之後，就可以變成木工用的。

換成木製鉗口板

將金屬的鉗口板依照下列步驟換成木質的保護用鉗口板。

①固定金屬鉗口，鬆開粗螺絲拿下鉗口，測量尺寸。

②製作一個和金屬鉗口相同尺寸，或大2mm左右的鉗口板（保護用的板），事先鑽出固定用的螺絲孔。

③在保護用的鉗口板上鎖入剛才取下的螺絲，安裝上去。

固定在木鉗臺上

若先將台虎鉗裝上木鉗臺，讓台虎鉗只有使用的時候才能固定在工作檯上，就可以使台虎鉗只有在使用的時候，才以夾具固定在工作檯上。將木鉗台安裝在台虎鉗上的螺絲，要使用粗短的類型，並用電鑽鑽出底孔之後再安裝。

先將木工用的台虎鉗固定在木鉗臺上

將夾具頭套上墊板套

要壓住材料，而且還要壓住墊板以免偏移，1個人做的時候，時常發生這種辛苦的狀況。設想到這種狀況，就來製作可以裝卸在夾具頭上的墊板套。

尺寸依照要夾的材料或手邊的夾具而定，進行各方面的確認也是工作的樂趣。

若有了這個，就不需要一邊壓住墊板一邊夾材料，對作業有十足的幫助，還可以使電鑽的鑽孔作業與鎖螺絲作業進行得更順暢。

配合夾具頭的大小裁切厚度大約8mm的薄木板

組合薄木板，在上方架上細木板，以木工接著劑黏緊

插入夾具頭，調整到即使朝下也不會掉落的程度，就完成了

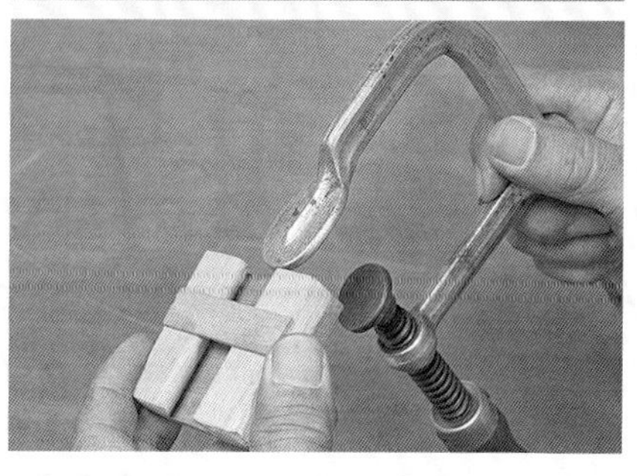

用角材自行製作固定具代替台虎鉗

夾住材料，即使在加工時施力也能承受的台虎鉗大多很貴，有個可以用角材自行製作替代品的方法。雖然在使用上有限度，但下工夫就能拓展固定的方法。不只是大型材料，也可以用來固定小型材料或有曲面的物體。

使用厚的材料，鑽出放入夾具頭的洞。如果有短的角材會很好用

鑽完洞的模樣。照片所使用的是直徑25mm的鑽頭

可以用稍大的那一面固定，若用的是大型角材，且在垂直方向鑽孔的話，就能增加更多用法

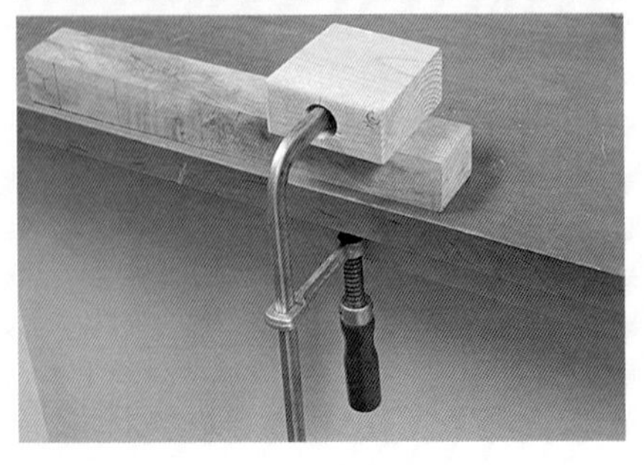

寫給初級者

活用離合器構造

在鑽孔或鎖螺絲等等作業中，電鑽起子機是很方便的機器，尤其是在鎖螺絲的時候，若使用離合器構造，就可以防止鎖得過緊。必須要熟習如何搭配使用的螺絲與材料，選擇最適當的旋轉力。

用離合器調整鎖螺絲的力道

離合器的功用

離合器是為了調整扭力（鎖螺絲所用的力）而設置的機能。如果使用具有離合器構造的機器，在鎖螺絲的途中施加了超出必要的力量，離合器就會啟動，控制轉速，透過這個裝置可以防止螺絲鎖得過緊。

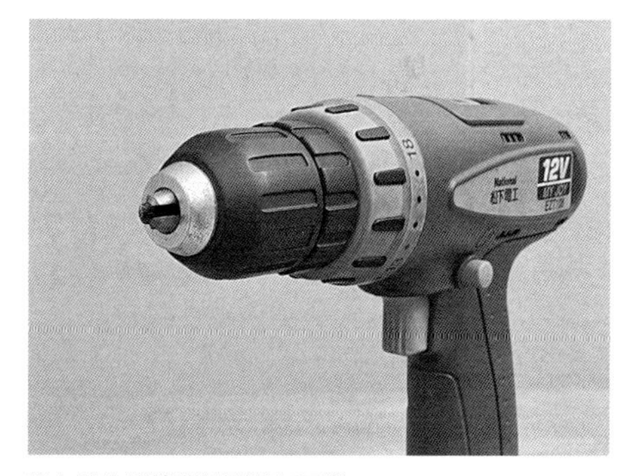

附有離合器機能的電鑽起子機

使用電鑽起子機的離合器

轉動離合器的環（離合器轉盤），就能按照刻度設定扭力。若使用這個結構，就能防止螺絲頭鑽入材料，可以鎖出一致的螺絲。

當離合器一啟動，旋轉的聲音就會和之前不同，變成像是齒輪碰撞的聲音，因此馬上就會知道。

使用沒有離合器機能的機器鎖螺絲時，必須要靠扳機開關的按壓狀況來調節鎖螺絲的狀況，如果有很多地方要鎖螺絲的話，做起來會很辛苦。

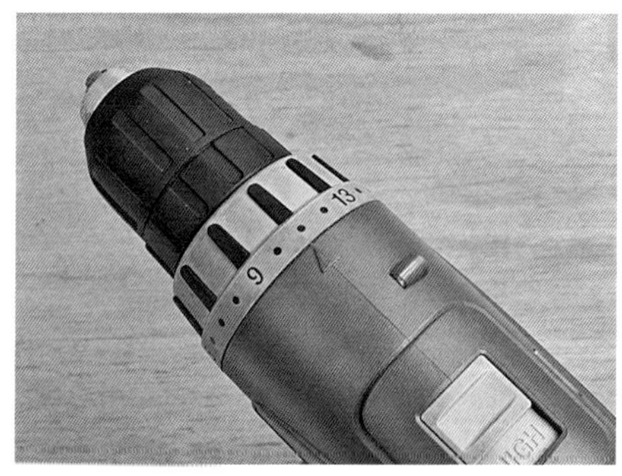
離合器環上的數值

比較在相同扭力下鎖入的螺絲

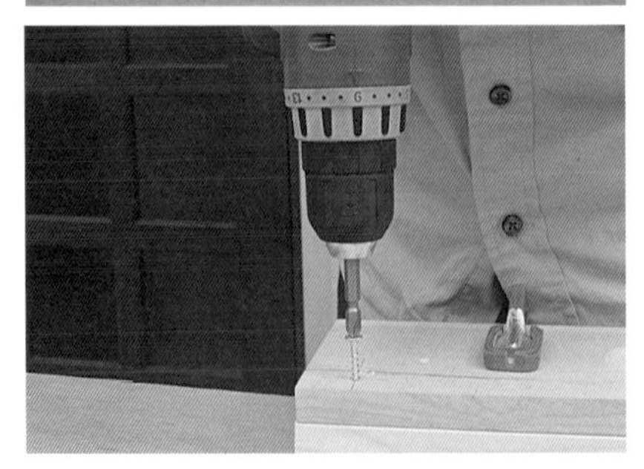

①例如搭配刻度9的時候，因材料的堅硬程度或長度的不同，離合器可能會啟動，使螺絲無法深入

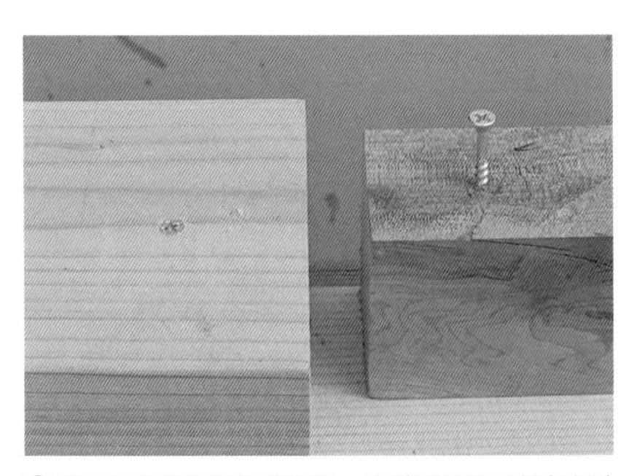

②以相同的螺絲搭配刻度3，右邊的堅硬材料鎖到一半就停了，左邊的軟材料則是完全鎖入

用離合器環來設定扭力

扭力是以環上的數字來表示，數字愈大，傳到鑽頭的力量就愈大，在處理堅硬的材料時，或是要用強勁的力道鎖螺絲時都很有用。

例如使用小螺絲或要將螺絲鑽進軟材料裡時，通常用較弱的力量，離合器就能發揮效用。

處理軟材料時，或是要螺絲的頭停在不會突起的位置時，可以一邊調整扭力，一邊靈活運用。

若調到小的數字，旋轉力道不會傳到鑽頭，而且聲音會改變，此時就可以知道離合器正在運作。

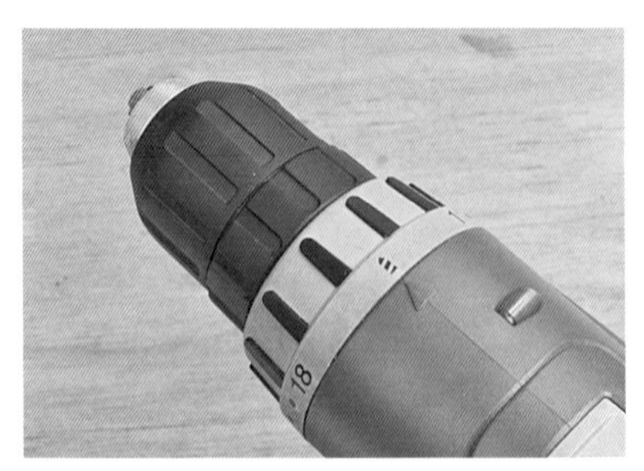

●若搭配「鑽頭」圖示，就可以在不啟動離合器的狀況下鑽孔

鑽孔時要配合鑽頭圖示

用有離合器結構的電鑽起子機，要從鎖螺絲的作業改為鑽孔作業時，將離合器環上刻的鑽孔鑽頭圖示，對準機體上的▲，離合器效果就會停止，變成直接接續的狀態。由於鑽孔鑽頭要變得能一直前進到最後，所以必須按照狀況切換。

寫給初級者

鑽出與材料垂直的洞

必須要在木材上鑽出正確的垂直孔洞時，使用鑽孔定位器或鑽床較好，不過很難會有能夠設置這種機器的環境。然而，必須鑽出正確直角孔洞的作業意外地少，很多案例都是只要是近乎直角的孔洞就沒問題。

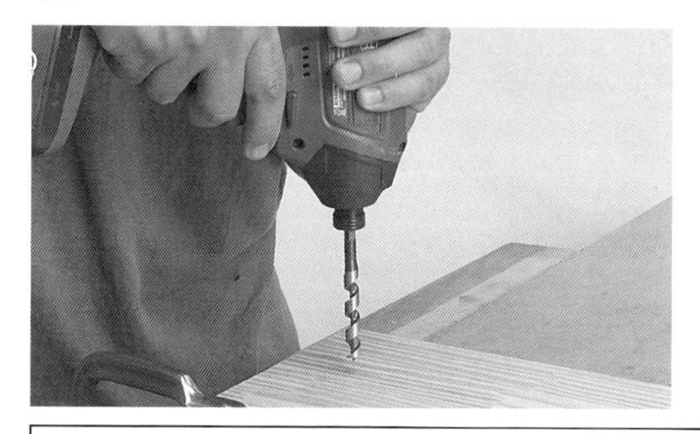

要用電鑽鑽出和材料垂直的孔，得看鑽頭是否與材料垂直，可以請別人幫忙確認，再憑感覺記住垂直的角度。

若使用治具，要近乎直角就很簡單

若在購入高價的機器之前，對直角很堅持的話，只要利用手邊的尺，或用木頭製作簡單的治具（譯註．加工過程中用於輔助的工具統稱），動點腦筋讓鑽頭能逼近直角的話，就可以鑽出幾乎垂直的洞。

用角尺定位

由於角尺可以放在材料上拉出垂直的線，也可以放在加工面上確認是否垂直，尤其在做木工工作時，角尺是必備物品。

裝在機體上的鑽頭尖端碰觸鑽孔點，然後將角尺立在鑽頭旁邊，以角尺定位，確認鑽頭是否與角尺平行。

接著，一邊讓電鑽機體不要傾斜，一邊將角尺移動到90度，確認是否與鑽頭平行。只要維持這個狀態，同時按下機器的開關，就可以鑽出幾乎垂直的洞。

以淺顯易懂的方式，表示定位的角尺與從機體拔下來的鑽頭之間的關係

將CD或壓克力板當成鏡子來用

鑽頭是否與鑽孔點垂直，有一個方法是在材料上面放置反射板，以目視確認。

方法之一，是因為CD或DVD光碟的背面會反射光，所以拿來代替鏡子使用。光碟片的中央有開洞，因此將那個部分和鑽孔點重疊，讓鑽頭抵住鑽孔點。映照在光碟片鏡子上的鑽頭，看起來與真正的鑽頭合而為一的時候，就是「近乎直角」。

要修正電鑽的傾斜度時，支撐電鑽的左手肘要穩固地架在工作檯上，這點很重要。

然後，從左右2個方向看，確認是否皆呈一直線，一確認就要一口氣鑽下去。關鍵在於要一口氣鑽孔，一旦猶豫，直角會馬上偏離。

此外，可以準備幾乎和玻璃鏡子一樣會反射的壓克力板鏡子，在中央鑽出直徑約10mm的孔，之後的用法如前述。

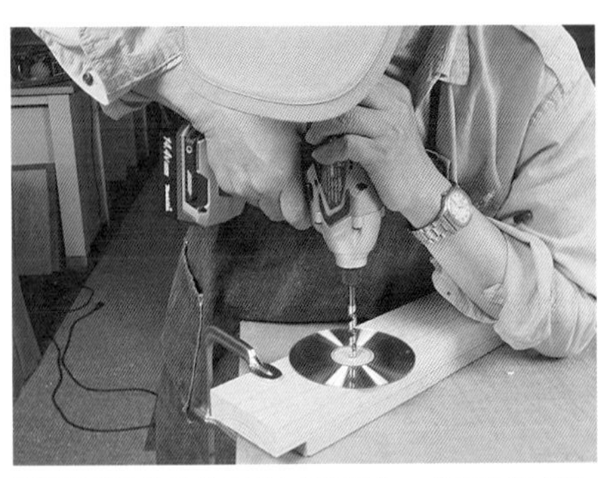

將抵住鑽孔點的鑽頭固定於與映在CD背面的鑽頭呈一直線的位置

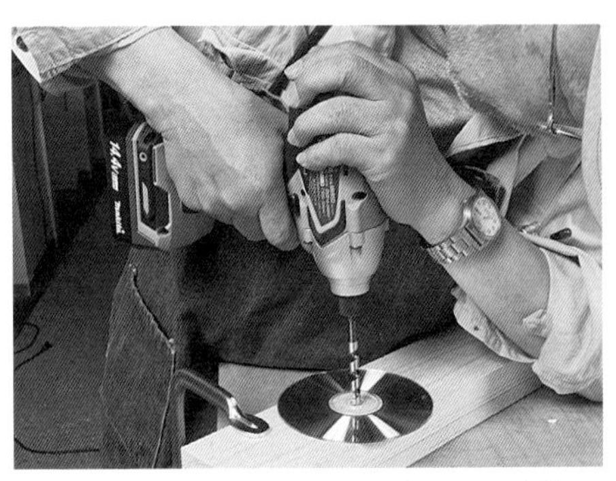

變換角度，將手肘架在工作檯上，使鑽頭呈一直線，再固定鑽頭的角度

利用壓克力板的反射

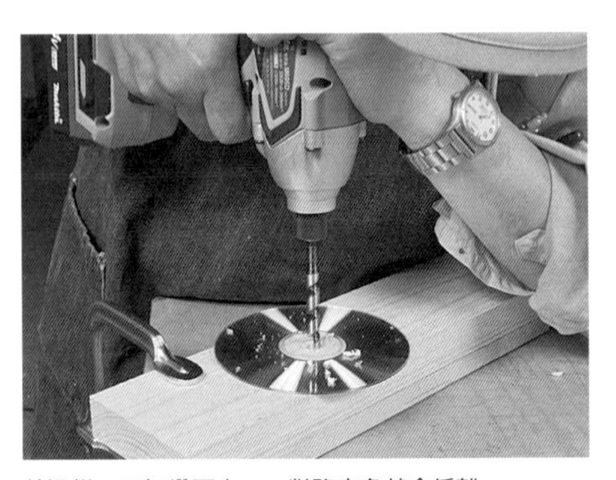

就這樣一口氣鑽下去，一猶豫直角就會偏離

製作木製鑽孔治具

在4～5cm的木塊上，製作鑽直角孔洞的治具。這個直角鑽孔器，要用鑽床才能做得正確，因此要拜託朋友或家用五金量販店較好。

如果有刨刀，就刨削鑽了洞的木塊底部，這也是將洞修正成直角的方法。

將這個鑽孔治具放在欲加工的材料上，把治具的洞對準後用夾具固定。把鑽頭插入治具的洞鑽孔，就能鑽出接近直角的洞。

若直角鑽孔器的開孔直徑比鑽頭直徑大，就很難讓鑽頭保持直角，因此要準備數種孔徑不同的鑽孔治具。

在木塊上鑽出直角的孔，
製作木製的鑽孔治具

可以靠木塊厚度調整洞深的白製鑽孔治具

將治具放在材料上固定使用

鑽孔定位器

要在1個組件上鑽出好幾個垂直孔的時候，有一個能正確鑽孔的輔助工具，就是鑽孔定位器。在鑽床無法處理的位置上鑽孔時，鑽孔定位器也很方便。

鑽孔定位器要裝上電鑽與鑽頭使用，要鑽其他角度的孔時也可以用，可應用在許多方面。

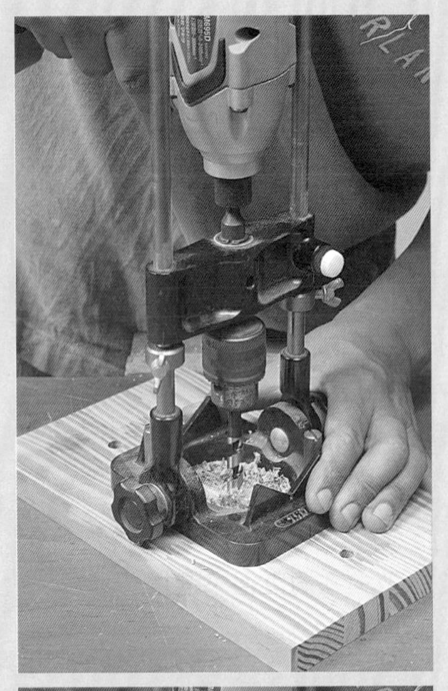

鑽孔定位器可以靠左右的制動器來調節深度

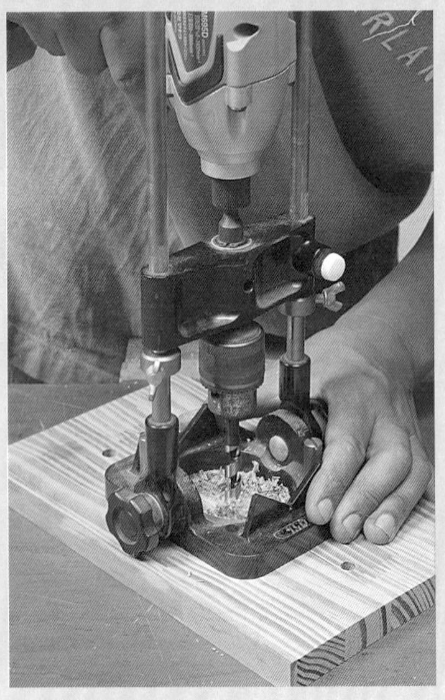

也可鑽出任意角度的斜孔

寫給上級者

鑽出大型孔洞的鑽頭

要讓粗圓棒或管子通過粗木材的時候，就必須要鑽出大的孔洞。前端工具的種類繁多，像是有直徑超過30mm的螺旋形鑽頭、只有一支卻可以調整鑽孔直徑的鑽頭、可修平大口徑孔的鑽頭等等，因此要依加工目的分別使用。很多機器若可低速旋轉會更好用，要挑選有某種程度力道的電鑽。

鑽頭

螺旋形的鑽頭很多是六角軸的，因為備有各種鑽孔尺寸，要配合需要的孔洞直徑來選擇。

直徑24mm的木工鑽頭

操作大口徑鑽頭時，要牢牢握住電鑽

福氏鑽頭（Forstner bit）

福氏鑽頭不只當做鑽淺孔的修平鑽子使用，也可以用來鑽貫穿的孔洞。手拿電鑽操作的時候，注意要穩定地支撐，謹慎進行作業，在材料表面以及與修平的底平行的面上做最後的潤飾。

軸柱分為直軸及六角軸兩種，要配合手持電鑽來選擇。

福氏鑽頭若安裝在鑽床上使用，可以進行穩定的加工。

直軸（上）與六角軸（下）的福氏鑽頭

木工扁鑽

這個尖端附有錐子的扁平狀鑽頭，是作業時木屑幾乎不會堵塞的鑽頭，也可以用來在厚木板上鑽孔。

小型的從直徑6mm起，大型的直徑約30mm，是鑽孔用的鑽頭。

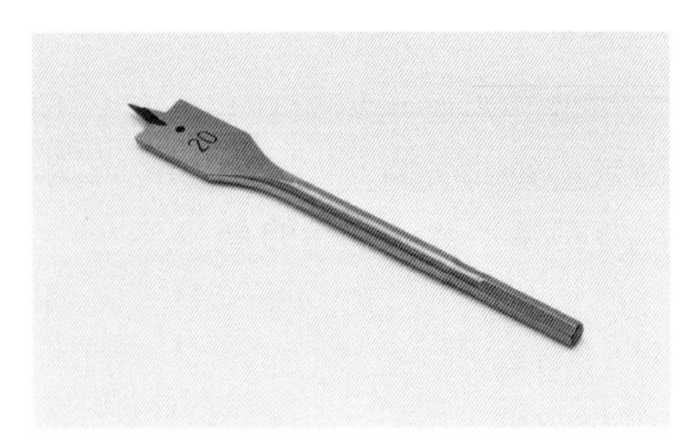

直徑20mm的扁鑽頭

能夠調整直徑的鑽頭

可以改變直徑的尖端工具有好幾種。

調節式鑽頭（expansive bit）

調節式鑽頭是用一把一字螺絲起子就能改變直徑的鑽頭，用來修平鑽好的孔很方便。用在鑽貫穿孔時，要確認滑動的桿子是否牢牢固定好了、是否會妨礙鑽孔。

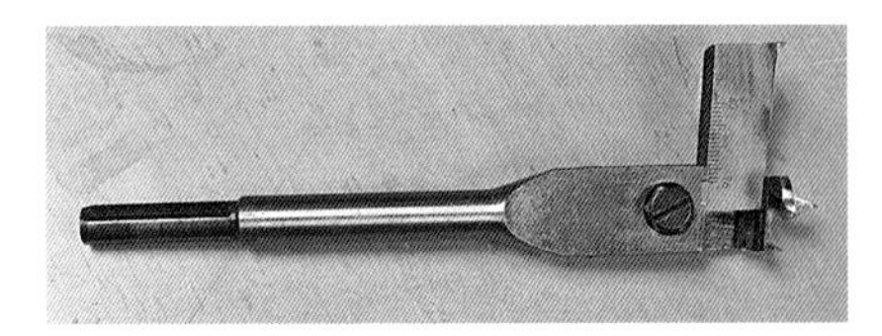

調節式鑽頭範圍從40mm到70mm，要配合刻度選擇直徑

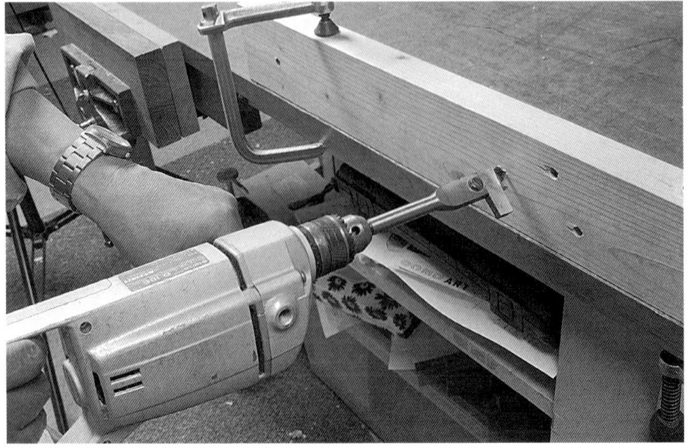

使用調節式鑽頭的時候要將材料牢牢固定

自由錐

這是移動切割刃並用蝶型螺絲固定的鑽頭，以切割刃橫桿上的刻度為基準，選擇鑽孔的直徑。

這個可用來鑽厚度30mm以上到50mm的孔，鑽孔範圍是直徑40mm～120mm。用在硬質木材、纖維增強水泥牆板、FRP（纖維強化塑膠）等等。

自由錐是以中央鑽頭的尖端貫穿材料之後，再從背面鑽孔。

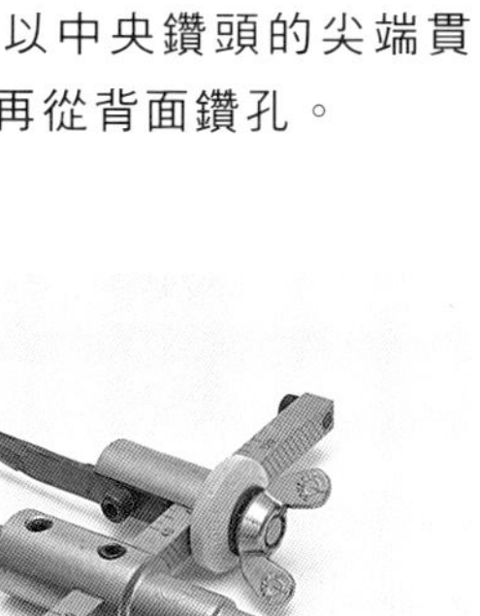

自由錐（雙刃）左右的鑽刃
可以在挖溝槽的同時鑽孔

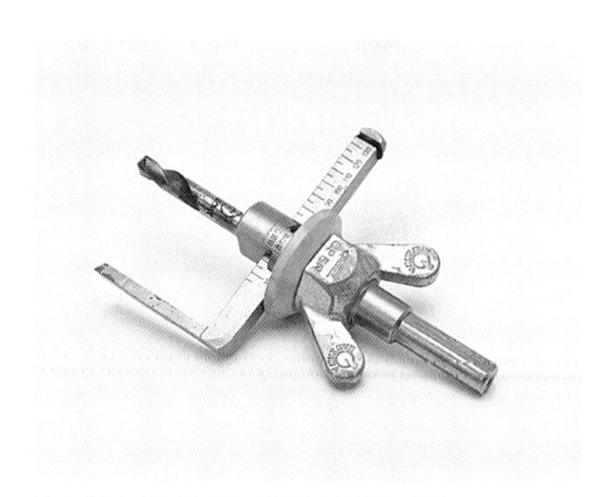

自由錐（單刃）橫向的桿子上刻有刻度

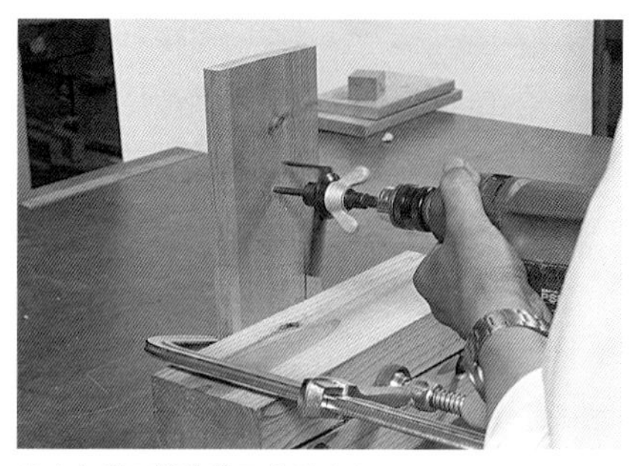

將中央鑽頭對準鑽孔處的中心

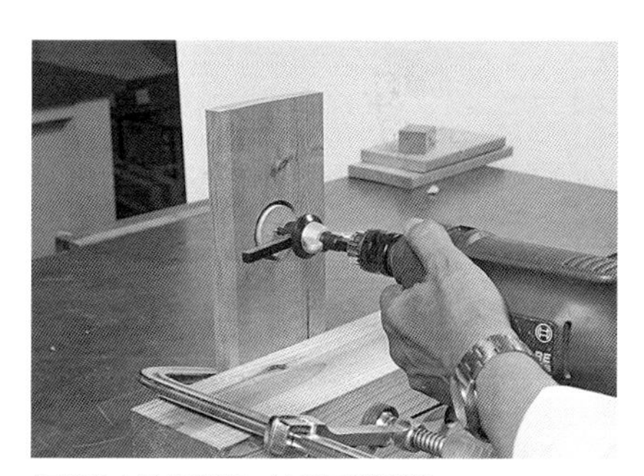

旋轉自由錐的鑽刃，挖出圓形溝槽

圓形溝槽貫穿之後，洞就鑽好了

寫給初級者

用圓棒隱藏螺絲頭

若放在身邊的木工作品用螺絲固定之後沒有修飾，螺絲頭會很顯眼，有時也會破壞設計感，用將螺絲埋入孔中，再以圓棒塞住的手法，就可以完成漂亮的作品。

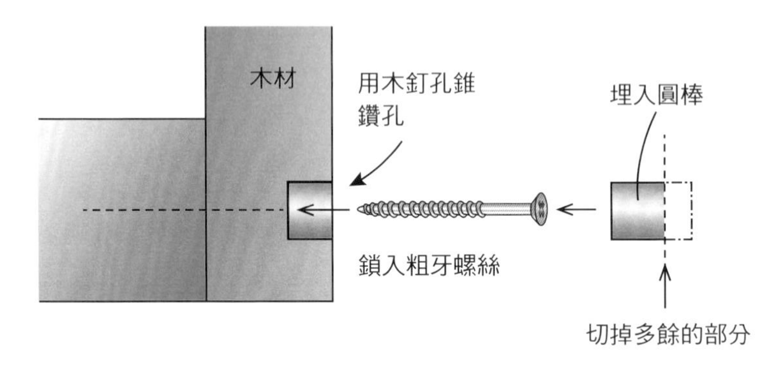

準備鑽出一個埋螺絲的孔

要鑽出一個埋入圓棒的孔，要用到附有制動器的木釘孔錐。

照片上的木釘孔錐可以鑽出深約10mm的孔，其他還有數種不同直徑的尺寸，要選用螺絲頭能夠通過的大小。這時候，要塞住孔洞的圓棒也要先準備好。

使用木釘孔錐，就能鑽出一定深度的孔，因此可以決定螺絲的長度，也可以限定準備的種類。

用力推壓木釘孔錐鑽孔，就可以削掉孔的入口邊緣，形成錐口孔的形狀。

木釘孔錐

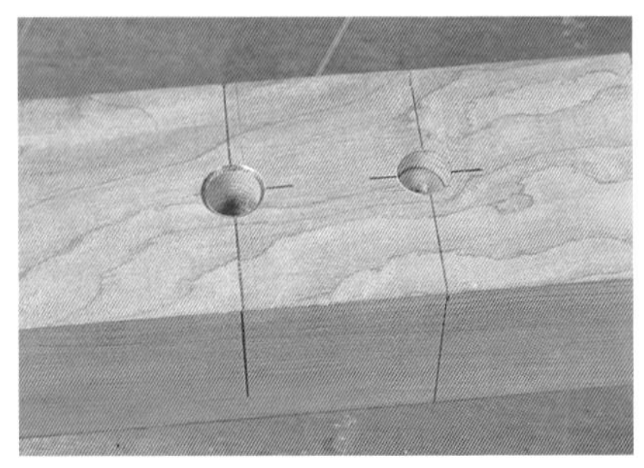

左邊是用力推壓後形成錐口孔的案例
右邊是使用間隔器防止鑽出錐口孔的案例

不需要錐口孔時，只要裝上間隔器，鑽頭就不會削掉內側，可以放心進行作業。

在鑽頭上使用自製的間隔器來防止錐口孔

若將圓棒埋入錐口孔，會產生環形溝槽

將圓棒埋入螺絲孔

1. **在照片中的木釘孔錐上使用自製的間隔器鑽孔，邊緣就不會被削掉**

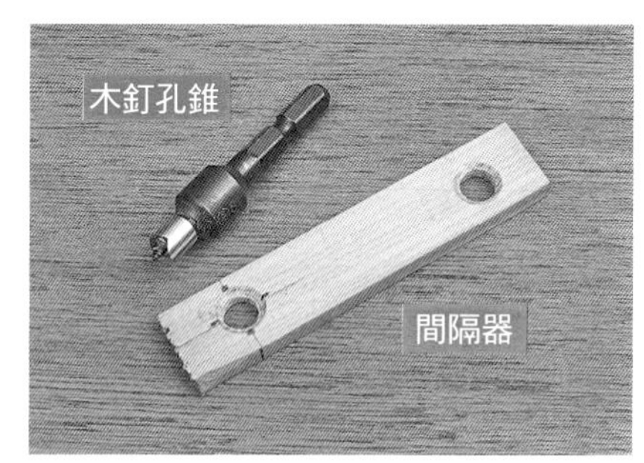

2. **在直徑8mm的孔中央做記號**

3. 將螺絲鎖入孔中央

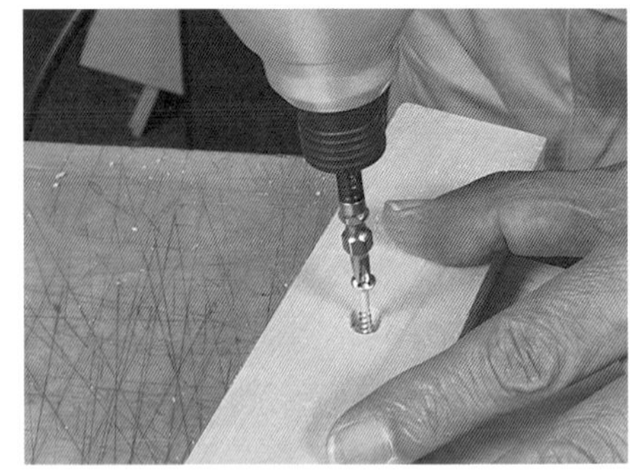

4. 把圓棒插進埋入螺絲的孔中

5. 切除圓棒多餘的部分，就能蓋住孔了

◆何謂木釘◆

不用釘子或螺絲來接合木頭的一種方法，在兩邊的木材上鑽出孔或溝槽，再插入木片接合，那個木片就稱為木釘，也有圓棒或方棒的形式。

◆用黏著劑黏接圓棒◆

在圓棒上輕輕塗抹木工黏著劑再敲進去，等到黏著劑乾了之後，再用鋸子把多餘的圓棒鋸除，以砂紙修邊。

寫給初級者

在木材上使用鐵工鑽頭

要在塊狀的厚木材，或乾燥後堅硬緊實的木材上鑽孔，手邊又沒有尺寸剛好的木工鑽頭時，可以用鐵工鑽頭代替。

左邊是鐵工鑽頭鑽的孔，
右邊則是木工鑽頭鑽的孔

種類豐富的鐵工鑽頭

木工用的前導螺絲型鑽頭，會逐漸被拉進材料裡，但想在任意位置停止時，就可以用鐵工鑽頭代替前導螺絲鑽頭。

鐵工鑽頭有豐富的尺寸，因此也可以應付變化多端的設計。不過，因為很難將孔的邊緣弄得平整，所以必須下點工夫。

清理木屑

使用鐵工鑽頭之後，木屑會塞住，使鑽頭發熱或轉速變慢，有時還會停止轉動。這時候要關掉開關，將鑽頭從機體拆下來清理木屑，不過因為鑽頭可能變得很燙，因此要用手套或厚布來處理鑽頭。

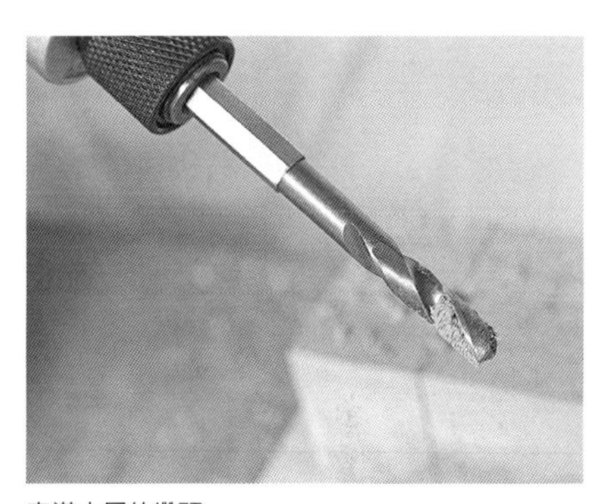

塞滿木屑的鑽頭

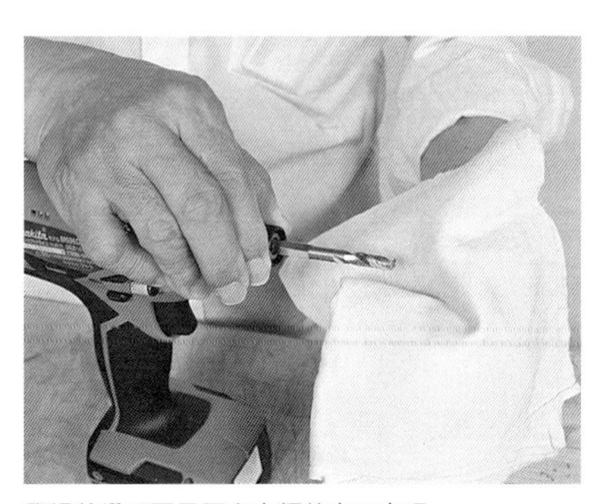

發燙的鑽頭要用厚布之類的東西處理

注意電鑽的反應

在厚木材上鑽深孔時，特別要注意將材料牢牢固定，旋轉力道施加在電鑽機體上，支撐電鑽的手要有接受反作用力的準備。

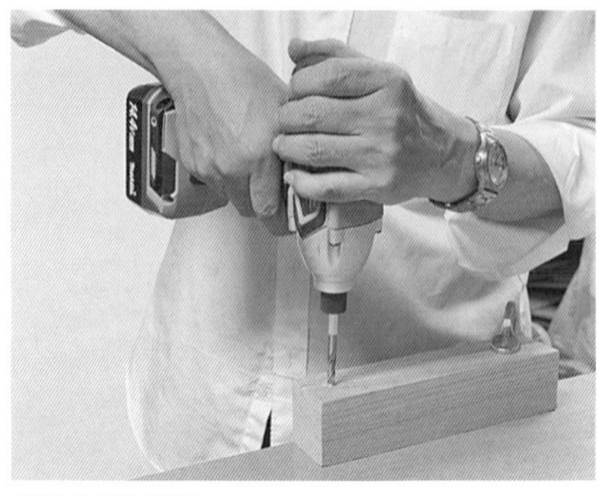

用雙手握住機器，
以鐵工鑽頭在木材上鑽孔

這個反作用的力道非常強，有時還會為手腕帶來傷害，因此若感覺到反作用力，就要迅速關掉電鑽開關。

這個反應不只出現在鐵工鑽頭，使用木工鑽頭時也要注意，像是電鑽起子機等等，要用雙手操作較好。

再度開始鑽孔時，要用雙手握住機器，一點一點地壓下開關操作，慢慢進行鑽孔。

Rescue（求救！）

鑽頭斷在材料裡該怎麼辦？

為堅硬的材料或厚材料加工時，有時會出現電鑽停止旋轉，鑽頭從機體脫落並刺在材料上這樣的狀態。尤其是會發生在圓軸鑽頭和無鍵夾頭的組合。

鑽頭留在材料較淺部分的情況下，就用手套或厚布握住鑽頭拔出來。可是，鑽頭位在較深位置的情況下，就要用老虎鉗來將鑽頭拔出來。

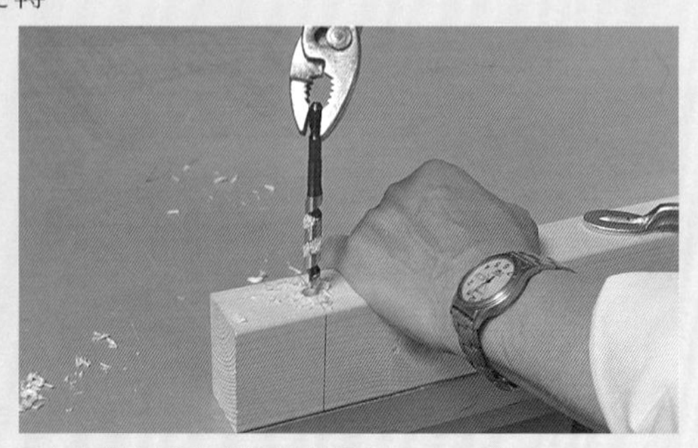

用老虎鉗拔出留在材料裡的鑽頭

寫給初級者

用卡片防止制動器的傷害

用電鑽鑽孔時，為了鑽出一定深度的孔，有時會用到電鑽制動器，但偶爾會使材料受到損傷。活用塑膠卡片，是防止制動器損壞材料的好點子。

可以鑽出各種深度的電鑽制動器

電鑽制動器是用螺絲裝在鑽頭上，在要鑽出固定深度的孔時使用，這會讓孔不會鑽得太深，是個很方便的工具。

制動器大致上可分為環狀類型，以及自由旋轉接觸材料那一面的類型。環狀的制動器，可能會碰到材料而傷到材料。此外，即使是自由旋轉的制動器，也可能會因為接觸材料的方式而傷到材料，因此要謹慎進行作業，像是固定在稍微前方一點之類。

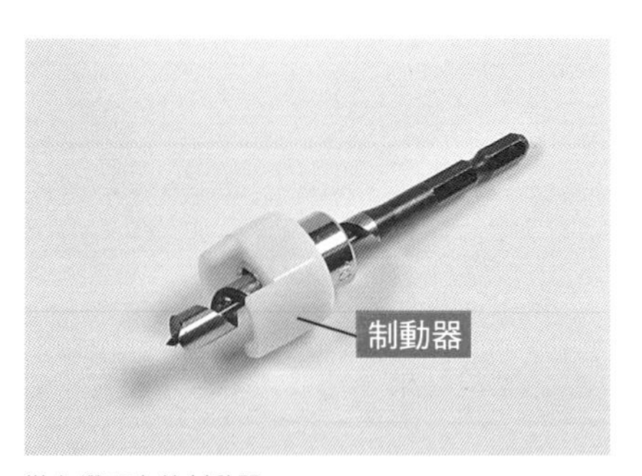

裝在鑽頭上的制動器

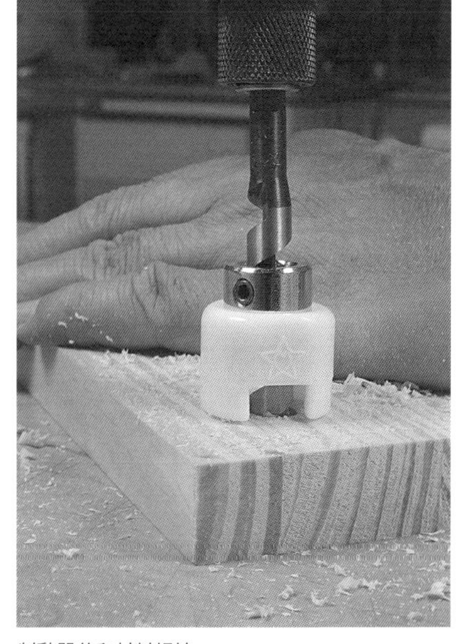

制動器若和材料相接，
鑽頭就不會再繼續深掘

夾塑膠卡片防止損傷

將一個硬質的薄片插進電鑽制動器與材料之間，就不會傷到材料。因此，可以活用隨處可見的塑膠卡片。

廢棄的集點卡或商店的會員卡之類的塑膠卡片很好用，厚度在0.5mm的卡片也可以利用，所以建議要收起來，不要丟掉。

先在塑膠卡片上，鑽出比鑽孔所使用的鑽頭直徑稍大的孔，就能當成制動器的墊板。

在材料與制動器之間夾一張塑膠卡片來防止損傷

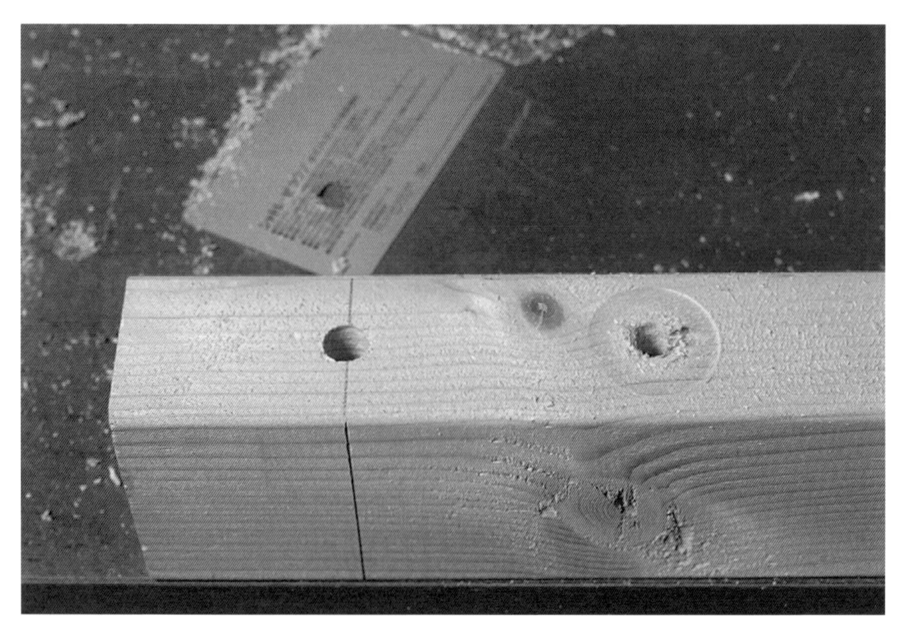

左邊的孔洞有夾塑膠卡片以防止損傷
右邊的孔洞四周殘留制動器旋轉造成的傷痕

寫給初級者

活用合葉孔專用的導向鑽

很多地方都使用合葉，像是門或蓋子等等。按照設計正確裝上，就能成為在機能與完成度方面都令人滿意的作品。然而，以為很簡單，但安裝卻意外地難，若能熟練地活用輔助作業的合葉孔專用導向鑽，就能正確地鎖上螺絲。

安裝合葉需要的是正確鎖上螺絲

定出正確的位置

安裝合葉時，會要求所畫出的安裝位置正確度，以及在螺絲孔中心鎖入正確的螺絲。

如果位置畫得正確，就應該能夠順利安裝才對，但只要螺絲的位置或角度有少許偏移，就無法正確裝上合葉。螺絲偏移，幾乎是所有門或蓋子歪掉的原因。

尤其是小型合葉，很難標示出螺絲孔的中心，而且要在合葉螺絲孔的中心鎖入螺絲，很難以目測辦到。

鑽出垂直的底孔也很困難

安裝合葉的螺絲，若無法以相對於材料的直角鎖入，有時螺絲頭會撞到，也會成為在製作門或蓋子時，無法密合關上的原因。

鎖螺絲時雖然要先鑽底孔，但是就算使用底孔專用的鑽頭，還是很難剛好瞄準螺絲孔的中心。還有，木材的年輪有時也會讓鑽頭偏移。像這樣，無法鑽入螺絲孔中心的情況很多。

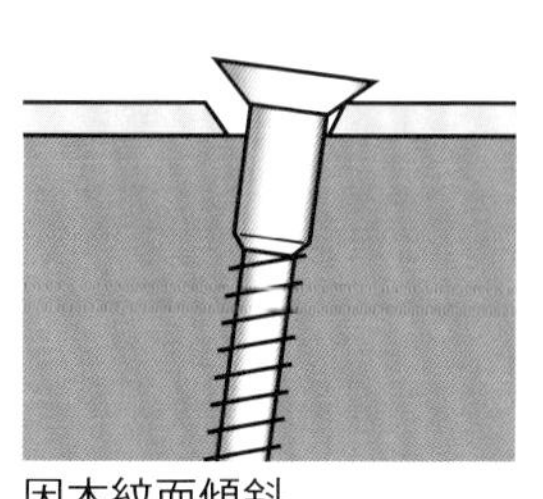
因木紋而傾斜

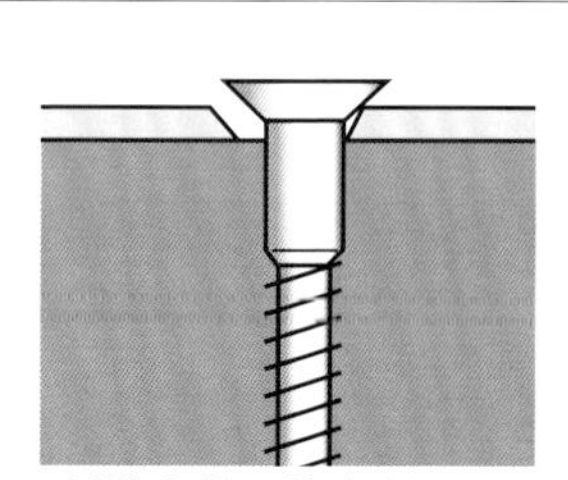
偏移合葉孔的中心

活用合葉孔專用的導向鑽

使用鑽合葉孔專用的導向鑽，可以在孔中央鑽底孔，孔的角度也不會出錯，因此可以一口氣解決問題。

這個導向鑽，可以使用合葉孔來決定位置。一壓進合葉錐狀的孔，導向鑽的尖端一般就會停在中心，若接著再按壓，鑽頭會從裡面出來，如此便能鑽底孔，這就是導向鑽的構造。

就算材料是木紋堅硬的木材，導向鑽也不會因受到木紋影響而偏移，只要讓導向鑽的角度保持垂直，螺絲頭就會收進合葉的錐狀孔裡。

導向鑽前端裝有鑽頭

導向鑽的構造是將導向鑽前端的圓形處對準螺絲孔時，尖端就會停在孔的中心

●導向鑽套組

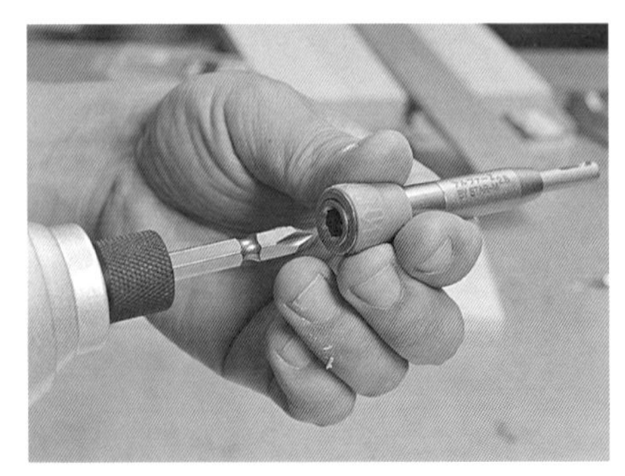

在裝上機體的十字起子頭上，插入導向鑽

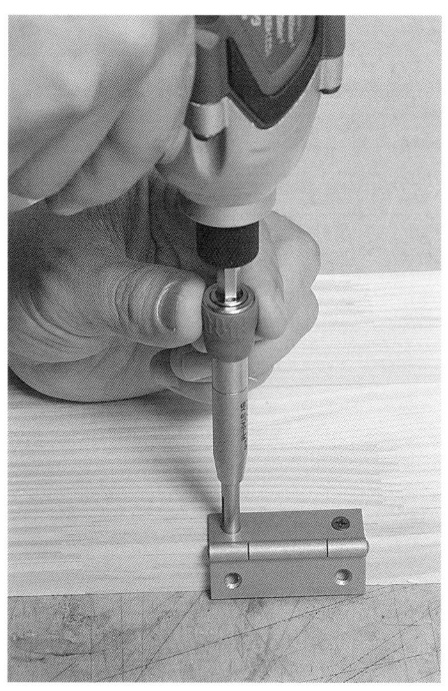

把導向鑽對準螺絲孔，壓下開關，
導向鑽內部的鑽刀就可以鑽孔

將螺絲鎖入鑽好的孔中，就完成了

寫給初級者

安裝鬼目螺帽

進行多次組裝家具或裝卸組件，仍能保持強度的零件，常使用鬼目螺帽*。

鬼目螺帽的用法

　　不論是木材加工或金屬加工，使用夾具或台虎鉗牢牢固定材料，是作業的基本。

　　然而，夾具的金屬部分碰到材料，用力鎖緊固定之後，有時會陷入形成損傷，要設法讓材料不受損再進行作業。

●鬼目螺帽

1. 鑽底孔

底孔要鑽出一個比開頭為「M」的公稱直徑大上2～3mm的孔。

（譯註：公制螺絲規格是M開頭＋牙距）

例如安裝組件的螺絲粗度為6mm的情況，底孔要鑽9mm。

將安裝在上面的材料與承受的材料重疊，以電鑽起子機同時鑽孔，就能減少位置誤差。

2片重疊鑽底孔（以2×尺寸的木材為例）

2. 鎖緊鬼目螺帽

將鬼目螺帽以垂直材料的方式置入，用6mm的六角扳手旋轉鎖緊。此處雖然是用電鑽起子機的六角扳手鑽頭鎖緊，不過也可以用手動的L形扳手來鎖。

用六角扳手鎖鬼目螺帽

3. 以螺栓固定欲安裝的組件

螺栓類的不論是六角螺栓或是盤頭螺栓，都要選擇方便使用的，為了不讓螺絲類傷到安裝的零件，最好使用墊圈。

用螺栓固定組件

● 對應所使用的螺絲直徑、底孔直徑以及鬼目螺帽的扳手尺寸

螺絲直徑	底孔直徑（mm）	扳手（mm）
M 4	5.7 ～ 6.0	4
M 5	7.7 ～ 8.0	5
M 6	8.7 ～ 9.0	6
M 8	11.2 ～ 11.5	8

＊鬼目與鬼目螺帽是（股）Murakoshi精工的註冊商標。

六角螺栓

六角螺栓常與螺帽一同使用，如同它的名稱，它是頭部為六角形的螺絲，要用扳手鎖緊。當然，如果把稱為套筒扳手的箱狀扳手裝在電鑽起子機上面使用的話，就可以快速鎖緊螺絲。

螺絲與螺帽有「全牙」與「半牙」兩種。「全牙」是頭部以下全部都有螺紋，「半牙」是部分軸柱攻螺紋。長度短的螺絲或螺栓一般都是「全牙」，若長度很長，就會有全牙與半牙兩種類型。

六角螺栓在很多用法上稱為「貫穿螺栓」，就是用六角螺栓與六角螺帽夾住組件兩側鎖緊。鎖螺栓時，為了防止螺帽空轉，要用扳手夾住螺帽。

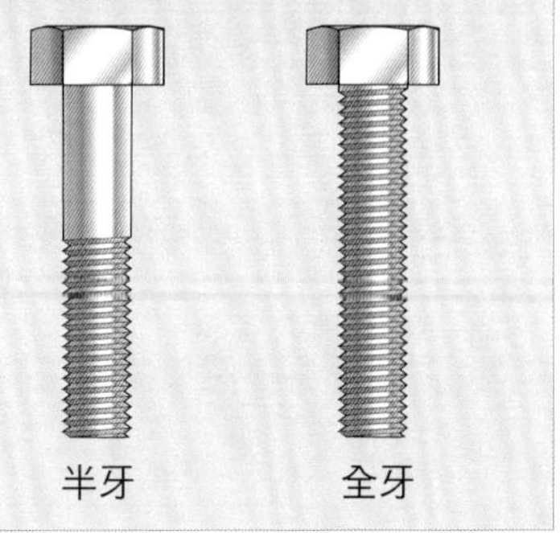

寫給中級者

困難的鑽孔作業就使用震鑽

想在水泥或石材上鑽孔時，或是想在磚塊、灰泥、石膏板上鑽孔的情況，像上述這些困難的作業就要使用震鑽。幾乎所有震鑽也都能當做電鑽使用。

震鑽的特徵

震鑽可以裝上輔助把手與制動器*。

裝上輔助把手後，加上機體的把手，就能用雙手握住進行作業，因此在施力的同時也能在機器不晃動的狀況下操作。

制動器是可調整鑽孔深度的計量器，調整到對應任意深度的位置，緊緊固定在輔助把手上。

模式切換桿

當做只旋轉的電鑽使用時，要把機體上的模式切換桿對準鑽頭的標誌。

機體上的模式切換桿若對準震鑽模式，就可以當做旋轉＋震動的震鑽使用。

可以連續運轉與逆旋轉

這個機種的正逆轉切換桿位在扳機開關上方。

要連續運轉時，拉起扳機開關，在ON的狀態壓下鎖定鈕。結束連續運轉時，只要一拉起扳機開關，鎖定鈕就會恢復原狀。

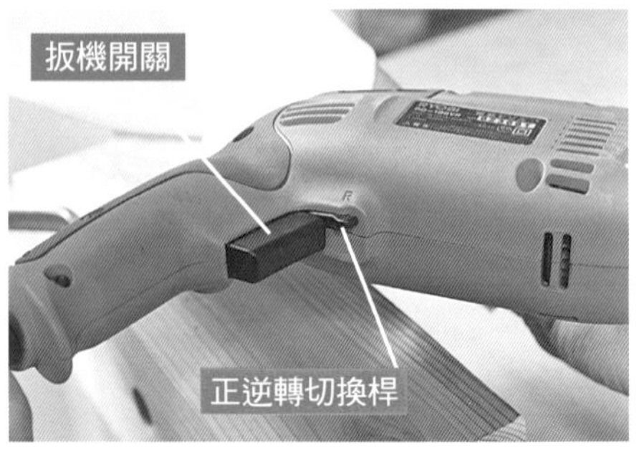

＊因製造廠商不同，調整孔深的功能會有「制動器」或「計量器」不同的名稱，本書標示為「制動器」。

當電鑽使用的操作方法

1. 裝上輔助把手與制動器

轉動輔助把手鬆開螺絲，插入機體安裝上去。將把手調整到容易使用的角度，然後裝上制動器這個調節深度的計量器。

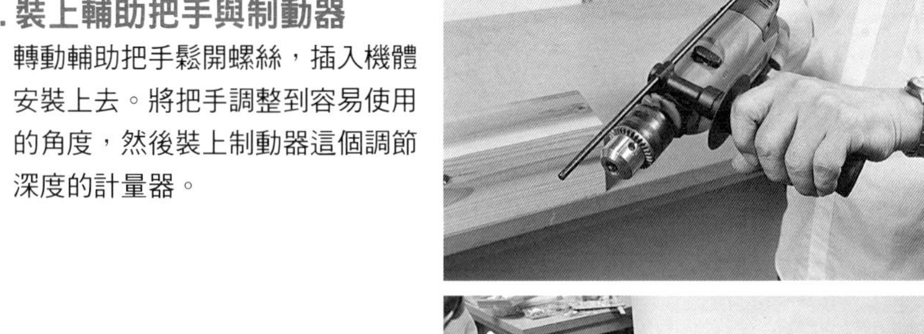

2. 將鑽頭抵住材料，決定孔的深度

3. 鑽頭尖端與制動器尖端的差距，就是孔的深度

鬆開輔助把手，將制動器抵住要在材料上鑽孔的位置時，制動器與鑽頭尖端的差距就是孔的深度。

4. 使鑽頭與材料呈直角並固定，然後鑽孔

若有只有旋轉的模式，就能在鐵或木材上鑽孔，操作方式和電鑽相同。

當做震鑽使用

在水泥塊上鑽孔

決定深度之後，使鑽頭與鑽孔面垂直並固定，然後推進鑽頭。

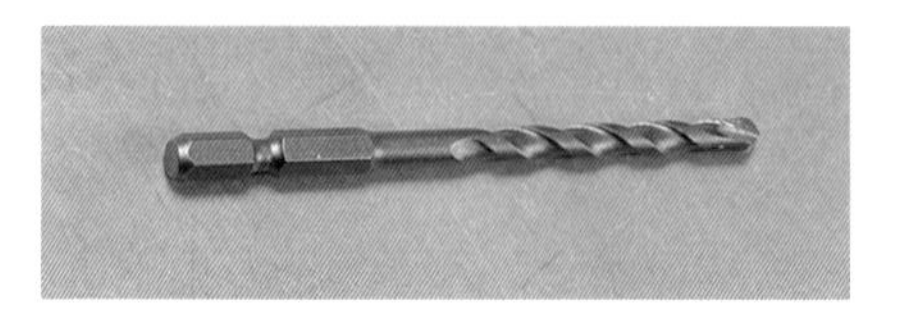

能夠鑽水泥塊的鑽頭

鎖定鈕

幾乎所有附握柄的工具，在握柄根部都有扳機開關，拉起開關是ON，放開是OFF。

依照扳機拉起的狀況改變馬達轉速的類型很多，拉到底就是該機種的最高轉速。

要讓電鑽連續旋轉時，只要在拉起扳機開關的狀態下，按壓位在握柄側面的「鎖定鈕」，如此就算手指離開扳機開關，開關也會處於ON的狀態。要從ON的狀態變成OFF，只要再拉扳機開關解除鎖定，這樣手指離開扳機時，開關就會關閉。

連續作業

1. 將前端工具插入夾頭鎖緊。
2. 將扳機開關拉到全開，呈現電源ON的狀態。
3. 在那樣的狀態下，按下保持ON的鎖定鈕。
4. 手指放開扳機開關。
5. 就算手指離開鎖定鈕，馬達仍會繼續旋轉。

寫給中級者

製作橫置的電鑽架

用電鑽製作盆子、碗、奶油刀或雕刻等等木雕作業，或是研磨木頭或金屬時，若能固定電鑽，就能用雙手安全地進行作業，擴大電鑽的運用範圍。

將電鑽起子機橫躺固定的電鑽架（照片中使用的是震鑽）

電鑽架固定電鑽後，便可用雙手拿著作品，可以在安全的環境進行作業。

製作範例中的電鑽架使用的是震鑽，若使用的是電鑽起子機或電鑽，就會是小型且容易使用的電鑽架。不過，要使用附有鎖定鈕，可以連續運轉的機種。

製作橫置的電鑽架

電鑽只要將頸部與握柄尾端這2處固定在檯子上，就能固定得牢靠。將電鑽橫置固定時，零件會變少，加工也會變少。

圖面上已經寫了尺寸，因此要配合手邊的電鑽決定零件的位置，設計成安裝在電鑽上的前端工具的位置伸出工作檯外側的形狀。

固定檯的零件材料要有一定程度的厚度，可以使用各種材質，像是合板或膠合板等等。

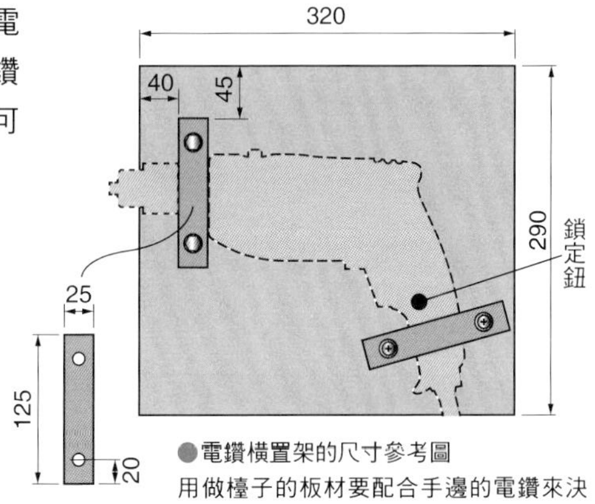

●電鑽橫置架的尺寸參考圖
用做檯子的板材要配合手邊的電鑽來決定。固定電鑽的零件，用六角螺栓或十字螺栓都可以。尺寸或固定的位置，要配合所使用的電鑽。

1. 用上下的木片固定機體

將木片削到某種程度之後，再配合電鑽的形狀鎖上螺絲，形狀就會與電鑽吻合，且能在承受變形的同時固定電鑽。

木頭的固定配件分成上下2個，下面的固定配件要用螺絲從檯子背面固定，以承載電鑽。

2. 用螺栓與鬼目螺帽固定

從上面壓住電鑽的固定配件，要用螺栓固定，這個螺栓要使用鬼目螺帽。如果用鬼目螺帽，可以用手指鎖螺絲，最後再用扳手或螺絲起子鎖緊，而且可以反覆拆卸，使用上安心又方便。

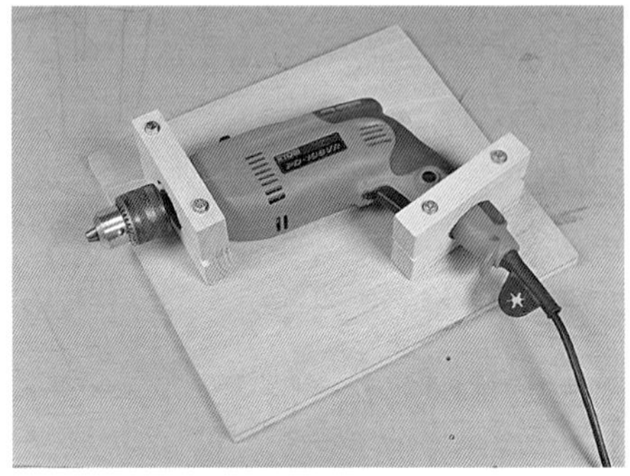

3. 把橫置架固定在工作檯上使用

把電鑽起子機固定在橫置架上，再把整個檯子用夾具固定在工作檯上。

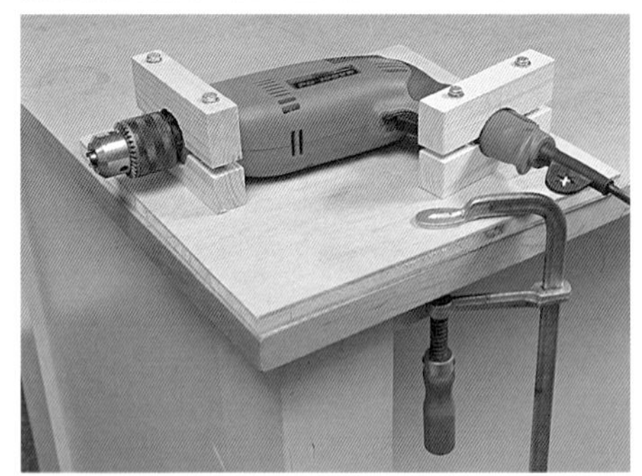

4. 按下鎖定鈕之後放開開關，就可以連續運轉

將插頭插入插座，打開電鑽起子機的扳機開關，按下鎖定鈕，就能以連續運轉的狀態進行作業。

可以使用研磨類的前端工具，但絕對不可使用尖銳的鑽頭。

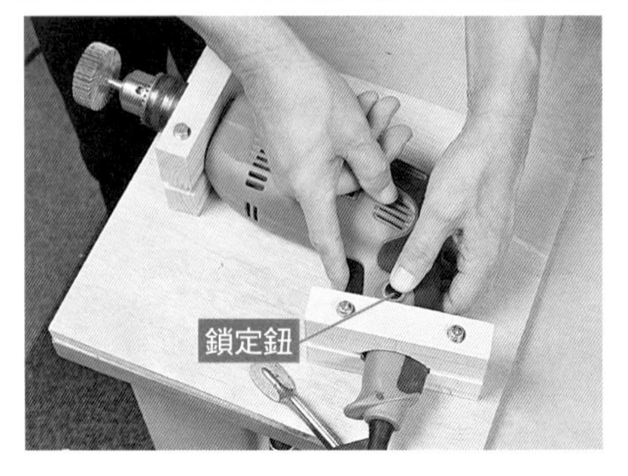

安置型的電鑽

鑽床

鑽床是安置型的電鑽，很有力，可以鑽出正確又美觀的孔。鑽床的工作檯可固定成與鑽頭垂直，因此只要把材料放在工作檯上，就可以輕鬆鑽出垂直的孔。

2種類型的鑽床

鑽垂直的孔，可說是DIY時必備的加工方式。

在木工製作上，就算垂直角度有一點誤差，視組裝材料的狀況不同，有些狀況下可以容許少許誤差；使用電鑽時，即使只是以手邊的工具確認垂直的程度，也能夠充分做出可說是正確角度的作品。

可是，偶爾也會出現必須要有真正垂直孔的時候，也會有需要鑽出好幾個正確角度的孔。在做木工時，會有想要一臺能夠鑽出正確垂直孔的機器的瞬間。

此外，在金屬加工上，需要特別鑽出垂直孔的機會很多，而鑽床就是能夠進行正確加工的機器。

照片中的鑽床，是安裝在地板上的大型鑽床，也有比較小型，可以安裝在工作檯上的桌上型鑽床。

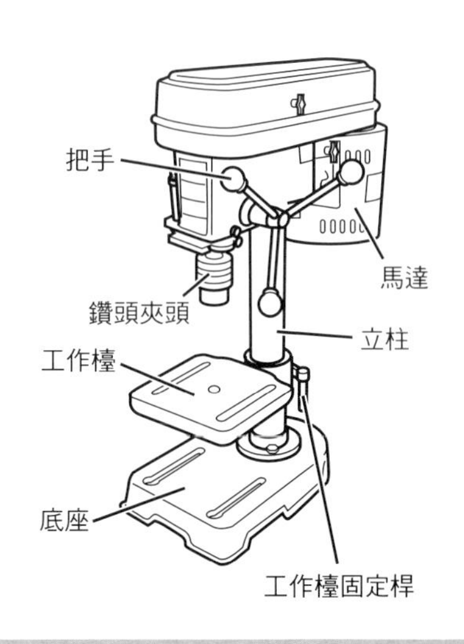

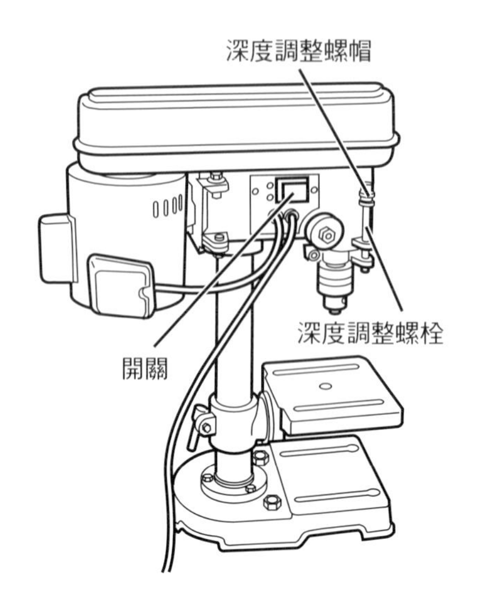

鑽床的用法

把鑽頭裝在鑽頭夾頭上

鑽床上有鑽頭夾頭，打開夾頭的3個夾爪，插入鑽頭後鎖緊。

鎖緊時要用夾頭鍵，夾頭的3個地方全都用夾頭鍵鎖緊，如此夾頭中心就會與鑽頭中心密合。

在金屬加工時，特別注重中心是否密合。

固定好鑽頭之後，讓電鑽空轉，靠電鑽的震動確認鑽頭是否偏移。

能夠在相同位置加工

不管是木工加工或是金屬加工，牢牢固定材料再進行作業都是很重要的事，就連在操作像鑽床這樣的機器，或是用手動的鑽子鑽孔時也是一樣重要。

要在尺寸相同的材料的同一個位置鑽孔時，鑽床特別有用。

可以鑽出深度相同的孔

放材料的檯子可以上下移動。可以按照材料的高度移動檯子，在容易工作的高度進行作業，是個方便的構造。

鑽孔也是，要在相同材料的相同位置鑽孔，或是逐次加工鑽出深度相同的孔時，鑽床的結構都很方便。

將檯子上下移動的構造也有分別，普及型鑽床的檯子是用小桿子鎖定，解鎖之後就可以用手直接上下調整，不過高度無法做細微的調整。

另一方面，也有轉動把手上下調整的類型，這個構造可以快速調節高度，相當方便。

雖然轉動把手，上下調整檯子高度的構造非常方便，但價位也因此略高，所以要視加工的材料與加工種類來選擇。

轉動3根把手降下夾頭，
以配合鑽頭的位置或鑽孔

連微妙的深度也能調節

有另一個可以調節鑽孔深度的構造，就是安裝在讓鑽頭上下移動的軸上面的制動器。

在構造上，制動器可以靠轉動螺帽來調整位置，能使鑽頭不超過設定的深度。

可以設定放材料的檯子的高度，還能調節鑽頭的鑽刃降下的高度，可以靠著這2階段的調節，決定微妙的鑽孔深度。

為了不使螺帽因為鑽床馬達的震動而旋轉鬆開，可以用雙重螺帽固定，這一點也令人放心。

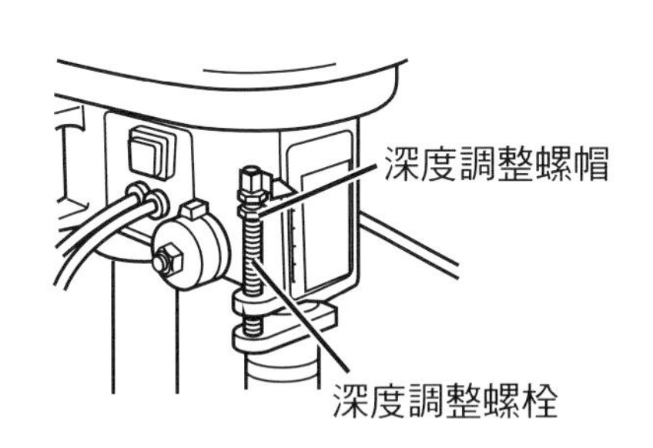

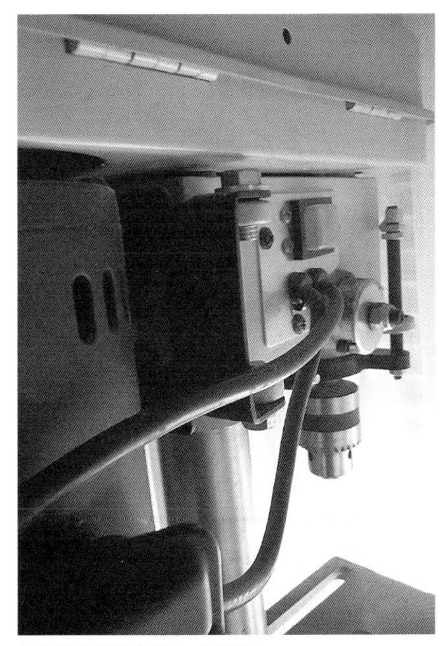
制動器的螺栓上附有2個螺帽

介紹八王子現代家具工藝學校

協助本書照片攝影的「八王子現代家具工藝學校」，位在東京西部的高尾山附近，綠意豐沛的八王子市之中。

做為2010年開始的「家具之都八王子」的一份子，本校在（股）村內Furniture Access的協力下，以學習正統家具設計與製作技術的宗旨創立學校。

培育能透過用自己的頭腦思考、用自己的雙手製作，來理解作品構成與構造，加深對人體工學與素材的理解，並擁有將其融合且能表現在設計上的技術的人才，盡全力培養能夠自立的家具設計師、木工師傅。

此外，對於想把木工當成嗜好來享受木工樂趣的人，以及想要享受自己製作家具樂趣的人，也提供了從木工的基礎到家具製作的應用，各種程度的技術指導與作業場所。

小木屋式建築的「八王子現代家具工藝學校」

上照片／作業室
下照片／木工機械室

1樓是木工機械室，備有以手壓刨機、自動進給刨木機等等為首的大型木工機械。2樓是手工加工作業室，以附木工台虎鉗的作業檯為中心，還有磨石場與塗裝場等等。

以成為專家為目標的人為對象的課程，除了「職業家具設計課程」（1年・2年期）之外，還有短期（共12堂）的基礎家具設計課程與1日體驗課程等等，共6種。

■課程詢問處■

「八王子現代家具工藝學校」

（負責人：伊藤洋平）

地址：〒192-0012 東京都八王子市左入町787
（股）村內Furniture Access內

電話：090-4243-0506

Mail：mail@itofurniture.com

URL：http//blog.goo.ne.jp/gendaikagu

■ 著者介紹

高橋 甫（Takahashi Hajime）

東京都出生。曾任職出版社，之後擔任養護學校初中與高中部的木工室助手，2000年設立木工工房。曾發行木工雜誌與木工日常道具書籍，現在擔任朝日文化新宿教室的講師。著作有《高級家具作りに挑戦》（技術評論社）。

■ 日文版製作 STAFF

● 照片攝影　山口祐康
● 繪圖　亀井龍路
● 漫畫　夏目けいじ
● 裝幀　吉川 淳
● DTP　宮代一義
● 編輯　ASAHi COMMUNiCATiONS 股份有限公司

一學就上手！
圖解電鑽技巧全書

2016年3月1日初版第一刷發行

著　　者　高橋 甫
譯　　者　梅應琪
編　　輯　劉皓如
發 行 人　齋木祥行
發 行 所　台灣東販股份有限公司
＜地址＞台北市南京東路4段130號2F-1
＜電話＞(02)2577-8878
＜傳真＞(02)2577-8896
＜網址＞www.tohan.com.tw
郵撥帳號　1405049-4
新聞局登記字號　局版臺業字第4680號
法律顧問　蕭雄淋律師
總 經 銷　聯合發行股份有限公司
＜電話＞(02)2917-8022

TOHAN

國家圖書館出版品預行編目資料

一學就上手！圖解電鑽技巧全書 / 高橋 甫著；
梅應琪譯. -- 初版. -- 臺北市：臺灣東販，
2016.03
面；　公分
ISBN 978-986-331-964-1(平裝)

1. 穿孔機

446.8945　　105000961